ANGELIKA OVERATH

Krautwelten

INSEL VERLAG

Insel-Bücherei Nr. 1504

KRAUTWELTEN

INHALT

Für mein liebes rechtes Knie
und für mein linkes, das alles mitmacht, auch.

Ich will, daß der Tod mich beim Kohlpflanzen antreffe – aber derart, daß ich mich weder über ihn noch gar über meinen unfertigen Garten gräme. Montaigne

WARUM EIN BUCH ÜBER KRAUT, KOHL, KABIS UND ALL IHRE WUNDERSAMEN VERWANDTEN?

Beginnen wir mit dem Körper.
Knieschmerzen gehören zu meinem Erwachsenenleben. Im Alter von zwölf Jahren war mir der Meniskus im rechten Knie entfernt worden – nichts hatte weh getan, das Knie knackte einfach, vermutlich war es eine Wachstumsstörung, die vorbeigegangen wäre. In den sechziger Jahren herrschte in Deutschland ein ungebrochener chirurgischer Fortschrittsglaube. Bereits als Studentin hatte ich dann immer wieder leichte Probleme mit diesem meniskusfreien Knie. Aber ich ging schwimmen, fuhr Rad.

Auch der Kohl gehört zu den Gegenständen der Feinschmeckerei, weshalb es mich nicht verdrießen soll, ausführlich von ihm zu sprechen.

Als ich 50 war, zogen wir von der Universitätsstadt Tübingen in die Schweizer Berge, nach Sent, ein Unterengadiner Dorf auf 1440 Metern. Vor dem Umzug wollte ich die Strecke von Tübingen nach Sent mit dem Fahrrad zurücklegen, eine Art Initiation in diesen neuen Lebensabschnitt. Ein Orthopäde, den ich vor der Tour besuchte, sah sich das Röntgenbild an und sagte, daß ich mit 60 eine Knieprothese haben würde.

Ausgezeichnet an Geschmack und Größe wird der Kohlstengel vor allem, wenn man ihn in mehrfach umgegrabenen Boden sät, sodann, wenn man die sich über die Erde erhebenden kleinen Stengel mit Erde umgibt. Man nennt diese Art Tritanum.

Als wir in den Bergen wohnten, unternahmen wir viele Wanderungen, und das ging im Grunde gut. Es gibt einen sehr schönen Weg im Oberengadin von Muottas Muragl (2453 m) – man erreicht die Bergstation mit einer Standseilbahn – auf den Schafberg zur Segantini-Hütte (2731 m). Hier arbeitete Giovanni Segantini an seinem Alpen-Triptychon. Und hier oben starb er mit 41 Jahren. Von der Hütte aus sieht man hinunter auf die blauen Tiegel der Engadiner Seen und hinüber zu den Gletscherriesen der Bernina-Gruppe. Der Weg führt zunächst in ein Tal, um dann teilweise sehr steil anzusteigen. Ich wanderte mit Stökken, und oben auf der Hütte nahm ich eine Schmerztablette, damit ich wieder gut hinunterkam.

Es gibt noch viele andere Arten: die von Cumae mit einem in die Breite wachsenden Blatt, am Kopf ausgedehnt; die von Aricia, die nicht höher ist und zahlreichere, aber zartere Blätter hat.

Heute bin ich 64 Jahre alt, habe noch keine Prothese und sehr viel weniger Knieprobleme als in früheren Jahren. Und von der Segantini-Hütte steige ich ohne Schmerzmittel ab.

Die schlankere Art von Pompeji mit einem nach der Wurzel hin dünnen Stengel wird zwischen den Blättern dick; ihr Vorteil besteht in ihrer Zartheit; allerdings verträgt sie die Kälte nicht; durch die Kälte gedeiht aber die bruttianische Art, die einen scharfen Geschmack hat.

Mein Glück begann mit einer Darmentzündung.
Als zum ersten Mal eine Divertikulitis diagnostiziert wurde, war ich Mitte 50. Die Ärztin in unserem Dorf gab mir Antibiotika. Nach der zweiten Divertikulitis, ein Jahr später, meinte sie, ich solle eine Operation erwägen, bei der ein Teil des anfälligen Dickdarms entfernt würde; ihr sei einmal eine Patientin in meinem Alter an einem Darmverschluß gestorben. Auch eine dritte Divertikulitis wurde mit Antibiotika behandelt. Mittlerweile dachte ich über eine Operation nach. Aber ich hatte mich auch nach alternativen Behandlungsmethoden umgehört. Eine Osttiroler Gärtnerin empfahl Krautsaft.

Die sabellische Art hat erstaunlich krause Blätter, deren Dicke den Stengel selbst verkleinert; sie soll aber vor allen die Süßeste sein.

Ich liebe Krautsalat. Die Idee, einer Darmentzündung mit frisch ausgepreßtem Krautsaft beizukommen, gefiel mir. Ich kaufte mir einen Entsafter. Und achtete darauf, daß es ein Gerät war, das sich in drei Minuten reinigen ließ. Für den ersten Saft aus einem halben Weißkrautkopf preßte ich eine Karotte und einen Apfel mit, weil ich einen gewissen Respekt vor dem Krautgeschmack hatte. Aber schnell reduzierte ich diesen Fremdanteil. Und ließ ihn schließlich ganz weg. Aber ich achtete darauf, einen möglichst unbehandelten und frischen Kopf zu bekommen. Morgens, am offenen Fenster, trank ich meinen hellgrün leuchtenden Saft. Ein schönes Ritual, den Tag zu beginnen. Und ich gab es wieder auf. Weil ich keine Zeit hatte und sowieso zu spät dran war, oder warum auch immer. Schließlich ging es mir ja gut; vielleicht war der Spuk vorbei.

Vor kurzem kam der lacuturnensische Kohl aus dem Tal von Aricia zu uns; er hat einen sehr großen Kopf und zahllose Blätter, von denen einige sich rund zusammenballen, andere breit und fleischig sind.

Aber einmal, ausgerechnet vor einem Wochenende, war er wieder da, dieser bekannte Schmerz Richtung Steißbein. Die Praxis meiner Ärztin war bereits geschlossen. Und ich bekam leichtes Fieber. Jetzt war es schon Abend. Ich lief zu unserem Dorfladen, kaufte einen Schwung Krautköpfe und begann, Krautsaft zu pressen. Über das Wochenende habe ich sicher drei, vier Liter getrunken. Und es wurde besser. Das Fieber stieg nicht, das Fieber sank.

Allen Arten aber gibt der Reif den besten Geschmack.

Am Montagmorgen ging ich zu meiner Ärztin. Die Entzündungswerte waren immer noch viel zu hoch, aber ich fühlte mich gut. Und meine Ärztin sagte, nun bräuchte ich auch keine Antibiotika mehr zu nehmen! Offensichtlich hätte ich dieses Mal das Problem mit Krautsaft in den Griff bekommen.

Man schätzt auch besonders eine Kohlart, die niemals die gewöhnliche Pflanzenhöhe überschreitet; man nennt sie Almyridia, Salzkohl, weil sie nur in Küstengegenden gedeiht.

Ich begann – ich wollte eine Operation vermeiden – morgens wieder regelmäßig einen guten Viertelliter Krautsaft zu trinken. Ich las, dieser Saft enthalte viele Vitamine und Mineralien und antibakterielle Senfölglykoside. Er sei also so oder so gesund. Diesmal blieb ich konsequent, ein, zwei Monate lang. Und dann machte ich eine seltsame Entdeckung: Mein Knie tat nicht mehr weh! Auf einmal konnte ich – ich hatte schon vergessen, wie sich das anfühlt – Treppen schmerzfrei hinuntersteigen, ja: springen.

Man sagt, Almyridia halte sich selbst bei langen Seereisen grün; wenn man sie abgeschnitten hat, gibt man sie sogleich, ohne daß sie die Erde berührt, in soeben getrocknete Ölkrüge und verschließt diese, um jeden Zutritt von Luft zu verhindern.

Auch eine Divertikulitis habe ich bislang nicht mehr bekommen. Dabei bin ich immer wieder nachlässig. Es gibt Phasen, da trinke ich keinen Krautsaft. Aber sobald ich im Knie eine Verschlechterung bemerke, fange ich wieder an.

Dem guten Weißkraut dankbar, begann ich, mich für diesen Pflanzenkopf zu interessieren. Nach und nach entdeckte ich seine wundersamen Verwandten und stieß auf unerwartete Geschichten.

Wie vieles, was scheinbar selbstverständlich da ist und nicht viel kostet, werden diese Gemüse-Wohltäter leicht übersehen. Die Namen Rosenkohl, Blumenkohl oder Flower Sprouts (wörtlich: Blumensprossen, die jüngste aus Großbritannien kommende Kohl-Züchtung) sagen es schon: die Kohlarten stehen an Formenreichtum, Farbschattierungen, Licht-und-Schatten-Spiel den bunteren Erscheinungen im Pflanzenreich nicht nach. Unter den Gemüsen sind die Kohlpflanzen die Rosen.

Manche glauben, die Pflanze komme schneller zur Reife, wenn man beim Versetzen Seegras und zerriebenes Natron, soviel drei Finger fassen können, unter den Stiel legt.

Es gibt auch einen wilden Kohl.

Plinius Secundus, Naturkunde

EINE AHNENGALERIE UND EIN EXOT

Die antiken Kohlarten, von denen Plinius Secundus in seiner *Naturkunde* spricht, sind nicht mehr zu identifizieren. Sie haben sich über die zweitausend Jahre bis in unsere Gegenwart verändert, und doch können wir manches wiedererkennen. Der Kohl (*Brassica*) ist Teil der großen Familie der Kreuzblütler (Brassicaceae), die rund 340 Gattungen umfaßt. Zur Gattung Kohl gehören wiederum gut 40 Arten. Die bekannteste Art ist der »Gemüsekohl« (*Brassica oleracea*). Sie umfaßt etwa 20 Varietäten. In ihrer Mitte leuchten die Krautköpfe. Am auffallendsten das weltweit nährende Weißkraut und, ihm zur Seite, die elegante schwäbische Schwester, das Spitz- oder Filderkraut. Die Kohlart »Gemüsekohl« bildet auch Rüben aus, etwa den milden Kohlrabi. Um die Vielfalt der Kohlverwandtschaft nur anzudeuten, seien fünf von den 40 Kohlarten mit einigen ihrer Varietäten aufgerufen.

Da ist zum einen der »Rübsen« (*Brassica rapa*), zu dem verschiedene Speiserüben in ihren lokalen Erscheinungen gehören. Etwa die Herbstrübe, das Mairübchen (auch Navette genannt), die Bayrische Rübe, die Pfatterer Rübe, das Teltower Rübchen (das sich Goethe gerne in einem Sandkästchen von seinem Berliner Freund Zelter schicken ließ) und die Gatower Kugel. Zu den Rübsen gehört auch der gar nicht rübenhaft, sondern krautig aussehende Stengelkohl, auch Cima di Rapa genannt, der Rübstiel, der Ölrübsen. Und es gibt die asiatische Verwandtschaft: Pak Choi, Chinakohl und das Komatsuna (das ist Japanisch und bedeutet »kleines Pinienbaum-Gemüse«).

Zur Kohlart »Brauner Senf« (*Brassica juncea*), auch Indischer Senf, Sareptasenf oder Rutenkohl genannt, gehören Hornsenf, Breitblättriger Senf, Chinesischer Senf, Tsa Tsai und das zausblättrige aromatische Pflänzlein Grün-im-Schnee.

Auch der »Raps« (*Brassica napus*), ebenfalls unter dem Namen Reps oder Lewat bekannt, ist eine Kohlart mit den Varietäten Raps – wie wir ihn gelb und felderweit in seiner Blüte kennen –, Steckrübe und Schnittkohl.

Eine endemische, nur in der Region zwischen den Seealpen und den Savoyer Alpen vorkommende Art ist der »Aufwärtsgekrümmte Kohl« oder Bergkohl (*Brassica repanda*). Er wächst in einer Höhe zwischen 1500 und 2500 Metern auf kalkigem Geröll oder an Felsen, blumenhaft.

Die Kohlart »Schwarzer Senf« (*Brassica nigra*) hat es ins Neue Testament gebracht. Jesus spricht: »Das Himmelreich gleicht einem Senfkorn, das ein Mensch nahm und auf seinen Acker säte; es ist das kleinste unter allen Samenkörnern; wenn es aber gewachsen ist, so ist es größer als alle Kräuter und wird ein Baum, daß die Vögel unter dem Himmel kommen und wohnen in seinen Zweigen.« Jesus lebte unter Fischern. Ein Baum wird aus dem Samen des Schwarzen Senfes eher nicht. Aber Vögel finden im weiten Gezweig der ausladenden, bis zu einem Meter hohen Staude schon ihre kleine Zuflucht.

Am Anfang des Kohls stand nicht der Kopf. Das Wort »Kohl« geht auf die indogermanische Wurzel »kaul« zurück. Sie bedeutet »hohl« und bezog sich vornehmlich auf einen hohlen Pflanzenstengel. Dieses »kaul« steckt dann sowohl im griechischen »kaulós« (hohler Stengel, Stiel, Schaft, Strunk, Gemüsekohl) wie im lateinischen »caulis« (Strunk einer Pflanze, Stengelkohl).

Glaskohlrabi

1. Wiener kleinblättriger niedriger früher blauer

2. Wiener kleinblättriger niedriger früher weißer

3. Englischer früher blauer

4. Später blauer Riesen-

5. Später weißer Riesen-

Die Germanen entlehnten daraus das Wort »köl(i)« oder auch »chôl(o)«, das sich in althochdeutschen Texten findet. Das mit dem Begriff Strunk oder Stiel benannte Gemüse war eben zunächst kein Kopf, wie wir bei Kraut und Kohl heute assoziieren, sondern eine am Stengel hochwachsende Pflanze. Doch schon Plinius erläuterte die Veredelung und Neuzüchtung von Kohl und Köpfen. Daß der Kohl bereits in der Antike auch als eine runde Erscheinung bekannt war, zeigt die Legende, nach der Göttervater Zeus über einen nicht zu entschlüsselnden Spruch des Orakels von Delphi so ins Schwitzen kam, daß seine Schweißperlen auf die Erde fielen. Dort verwandelten sie sich in Kohlhäupter. Deshalb galt der Kohl als heilige Pflanze, bei der man Eide schwören konnte.

Eine kleine Vignette: Das Wort »Kohldampf« hat weder mit Kohl noch mit Dampf zu tun. »Dampf« meint im Rotwelsch Hunger. Und Kohl, so die eine Erklärung, sei ein zweites Rotwelsch-Wort für dieses Mangelgefühl. Dann wäre Kohldampf wörtlich: Hungerhunger, eine Verdoppelung, die auf die Intensität des Empfindens hindeuten würde. Nun gibt es im Romani, der Sprache der Roma, das Wort »kalo«. Es bedeutet schwarz. Dann wäre der »Kohldampf« der schwarze Hunger. Mir gefällt diese Erklärung besser. Vielleicht weil ich im Engadin, einem rätoromanischen Sprachgebiet, wohne. Und wenn bei uns jemand einen sehr großen Hunger hat, dann hat er »üna fom naira«, wörtlich: »einen schwarzen Hunger«.

Lange vor dem Wort wuchs der Wildkohl namenlos und unauffällig wie ein Unkraut. Schon die steinzeitlichen Jäger und Sammler nährten sich von ihm und seinen ölhaltigen Samen. Heute gedeiht, in verschiedenen Ausformungen, Wildkohl hauptsächlich in den Mittelmeerregionen. Auf den steinigen Böden im südlichen Griechenland und auf Kreta, in der Südwesttürkei, gerne an Küstenabbrüchen. Seine Blätter sind dort fleischig, seine Blüten hellgelb bis weiß. In Mittel- und Süditalien, auf Sizilien, entlang der Dinarischen Alpen an der Ostküste der Adria wächst ein Urkohl mit dünnen, haarigen Blättern; er hat einen einzelnen hohen, wogenden Blütentrieb. Auf Korsika, auf Sardinien, in Tunesien hingegen findet man eine niedrige Form mit steifen, dicklichen Blättern und großen weißen Blüten. An der nördlichen Mittelmeerküste von Spanien, Frankreich, Italien wächst er als strauchige Pflanze mit grünen Blättern. Wieder etwas anders sieht der Wildkohl aus, der an den Küstenfelsen des Atlantiks von Spanien bis Südengland gepflückt werden kann. Der schnelle Blick eines Laien könnte ihn mit Raps verwechseln. In Deutschland ist er an den Klippen Helgolands zu finden. Deshalb heißt er auch Klippkohl oder Meerkohl (vielleicht ist er ein Nachfahre von Plinius' Salzkohl). Er wird als lokale Spezialität serviert. Seine Blätter sind graugrün und haarlos. Seine kleinen Blüten gelb.

Mittlerweile lassen sich in Gärtnereien Samen dieses Urkohls beziehen. Und zunehmend gedeiht die an karge Böden gewöhnte Pflanze unerwartet üppig in den kultivierten Beeten engagierter, an alten Pflanzen interessierter Gärtner.

Aber wie konnte aus einem doch fragilen, im Wind schaukelnden, wilden Geschöpf mit zarten Blüten ein viele Kilo schwerer dicker Kohlkopf entstehen?

An den Kohlpflanzen haben die Zeit gearbeitet, der Zufall und vor allem die Züchter. Über Jahrtausende selektionierten sie die Urpflanze so, daß sie entweder ihre Wurzel oder ihren

Stengel, ihre Blätter, ihre Blüten wachsen oder verkümmern ließen. Bei den Kohlköpfen etwa (Weißkraut, Rotkohl, Wirsing) wurde auf die zarte, grammschwere Endknospe geachtet. Beim Brokkoli auf Stiel und Blüte. Beim Kohlrabi setzten die Veredler auf eine Verdickung des Pflanzenstiels, beim Blumenkohl konzentrierten sie sich auf den Blütenstand. Grünkohl und Palmkohl verdanken ihre Gestalt der Konzentration auf die Blätter. Und die manchmal mehr als hundert Rosenkohlköpfchen an einem Stiel sind die geförderten Triebknospen der Blattachsen.

So sind Kohlarten in gezielter Zucht entstanden, aber auch durch zufällige Kreuzungen. Insekten verbreiten den Blütenstaub; mit ihren hermaphroditischen Blüten kann sich die Pflanze zur Not auch selbst bestäuben. Sie bildet Früchte, Schoten, die, wenn sie reif sind, platzen und ihre Samenkörner auf die Erde fallen lassen. Der Wind mag sie weitertragen, der Mensch sie säen. Wildformen mischen sich leicht untereinander und kreuzen sich mit Zuchtformen. Kohlpflanzen sind variabel, anpassungsfähig. Leicht entstehen neue Varianten und verschwinden auch wieder. Kohlpflanzen kommen aus der Alten Welt, Asien, Europa, Afrika. Auch wenn ihr geographisches Zentrum heute der Mittelmeerraum ist, wachsen Kohlpflanzen, gelb blühend, krautig am Boden kriechend oder sich palmschön bis zu zwei Metern in die Höhe streckend, nun überall auf unserem Planeten.

Fernab der Zivilisation, im Süden des Indischen Ozeans zwischen Südafrika und Westaustralien, Tausende von Kilometern von ihren Küsten entfernt, liegen die subantarktischen Kerguelen-Inseln. James Cook, der die Inseln auf seiner zweiten

Kerguelenkohl

(1772-1775) und dritten (1776-1779) Expeditionsreise erforschte, benannte sie nach dem französischen Konteradmiral Yves Joseph de Kerguelen de Trémarec, der den Archipel bereits im Winter 1772 entdeckt hatte, aber wegen haushoher Wellen und schlechter Sicht dort nicht an Land gehen konnte. Eigentlich hatte Cook, so schreibt er in seinem Logbuch, den Archipel »Desolation Island«, Insel der Trostlosigkeit, nennen wollen, um die Kargheit der Region zu bezeichnen. Aber dann schien es ihm richtiger, dem Entdecker die Ehre des Namens nicht vorzuenthalten.

Auf den Kerguelen ist es ozeanisch kalt. Es regnet oft, Stürme schlagen das Land. Tundrahaft wachsen in einem salzigen Klima Moose, Flechten, Sträucher. Doch hier gedeiht ein erstaunlicher entfernter Verwandter des Urkohls. Er geht vermutlich auf eine Pflanze zurück, die sich vor fünf Millionen Jahren in Südamerika entwickelt hat. Der Kerguelenkohl ist der einzige Vertreter seiner Gattung. Der britische Biologe Joseph Dalton Hooker gab ihm 1844 seinen lateinischen Namen: *Pringlea antiscorbutica*. Er weist damit nicht nur auf den Militärarzt Sir John Pringle hin, der als Präsident der Royal Society James Cook die Copley-Medaille, die höchste Auszeichnung der Royal Society, verliehen hat, sondern auch darauf, daß dieser gigantische Kohl ein Mittel gegen Skorbut war. Die Seeleute, die vor den subantarktischen Küsten nach Walen, Seerobben, Seelöwen jagten, überlebten dank dieses gewaltigen, ja monströsen Gewächses.

Aus einem wulstigen, mit einer schwammartigen Substanz gefüllten Wurzelstocksystem wachsen bis zu einem Meter hohe und bis zu zehn Zentimeter dicke Sproßachsen. Sie münden in raumgreifende Blattrosetten, die einen Durchmesser von 80 cm haben können. Ihre kohlartigen Blätter, etwa 50 pro Rosette, sind flanellweich. Ihnen entspringen hohe Blütenstandachsen, die sich, wenn sie vertrocknet sind, noch viele Jahre halten können. Das gibt dem Pflanzenwesen etwas Gehörntes. Auf den Kerguelen fliegen keine Insekten, es ist zu stürmisch. Aber der Kerguelenkohl kann sich selbst bestäuben. Auch entwickelt er, wenn er direkt an den gischtumschäumten Küsten wächst, eine Toleranz gegen den hohen Salzgehalt des Bodens.

Der Kerguelen-Archipel war einst ein Paradies für diesen entfernten Verwandten des Kohls. Dann brachte der Mensch Kaninchen auf das Eiland. Und er schleppte – vermutlich versehentlich – Mäuse ein. Worauf der Bestand des Kerguelenkohls drastisch zurückging.

MIT KRAUT AUF HOHER SEE

Bereits 1776, während der dritten Südseereise James Cooks, hatte William Anderson (1750-1778), Schiffsarzt und Biologe, die von Europäern bislang nie gesehene Riesenpflanze, die später Kerguelenkohl heißen sollte, entdeckt. Und er erkannte ihre Fähigkeit, vor Skorbut zu bewahren. Allerdings hatte James Cook damals bereits Unmengen von Sauerkrautfässern an Bord.

Vor der Zeit der großen Segel war Schiffahrt Küstenschifffahrt. Die Seeleute kehrten am Abend oder nach wenigen Tagen an Land zurück. Und auf den Schiffen hatten sie dieselben gesundheitlichen Probleme wie zu Hause auch. Erst mit den Großseglern, dem Kompaß, den neuen Seekarten wurde es möglich, Monate, ja Jahre unterwegs zu sein, ohne viel an Land zu kommen. Nun erst stellte sich ein spezifisches Problem von Mangelernährung ein. Zwieback und Pökelfleisch reichten eben nicht.

Ein Schiffskoch war der erste Arzt an Bord. Oft war er ein Kriegsveteran, dem vielleicht ein Bein fehlte oder der aufgrund einer anderen Versehrung nicht mehr als Matrose arbeiten und hoch in den Mast klettern konnte. Er hatte Zeit, sich mit der Nahrung für die Besatzung zu beschäftigen. Schiffsköche mit Naturheilwissen waren sehr gefragt und wurden oft zu Vertrauten ihrer Kapitäne.

Schon die Seefahrer der Antike kannten den Wert von saurem Kraut. Auf römischen Schiffen fuhren Krautfässer mit. Obwohl die Griechen und Römer die Milchsäuregärung aller Wahrscheinlichkeit nach kannten, scheinen sie ihr Kraut nicht fermentiert zu haben. Es gibt keinerlei Rezepte dazu. Aber immer wieder ist die Rede davon, daß sie Kraut vor dem rohen Verzehr mit Essig anreicherten oder es in Essig einlegten. Dieses Wissen um die Wirkmacht von saurem Kraut schien zwischenzeitlich verlorengegangen zu sein. James Cook reiste wieder mit in Essig eingelegtem Kraut und mit Sauerkraut, das durch Milchsäuregärung fermentiert worden war.

Die Geschichte der Globalisierung beginnt mit den Expeditionen zur See. In der Zeit der großen Entdeckungsfahrten zwischen dem 15. und 18. Jahrhundert starben Seeleute weniger bei Unfällen, Schiffbrüchen oder in Gefechten mit Piraten als an Skorbut. Die Krankheit begann mit Müdigkeit und Gliederschmerzen, das Zahnfleisch faulte, Zähne fielen aus, auf der Haut zeigten sich Ausschläge. Manche der Befallenen erblindeten. Viele der Kranken starben schließlich in jämmerlichstem Zustand, meist durch Herzmuskelschwäche.

Cook wußte, daß seine Matrosen keine Sieger waren. Kaum einer, der es vermeiden konnte, ging freiwillig zur Marine. Während langer Seereisen lag die Todesrate bei etwa 25 Prozent (20 Prozent starben an Krankheiten, 5 Prozent durch Kriegshandlungen).

Auch James Cook kam aus prekären Verhältnissen. Er war eines von acht Kindern eines Tagelöhners. Nur mit Hilfe eines Gönners hatte er für wenige Jahre die Schule besuchen dürfen. In der Royal Navy sah er die rare Chance zu einem sozialen Aufstieg. Früh war seine Fähigkeit zu navigieren und zu kartographieren aufgefallen. Und tatsächlich hat er eine beispiellose Karriere gemacht. Doch Cook sollte nicht vergessen, was Not ist. Er behielt seinen sicheren Blick für Armut und Krankheit.

Und auch wenn seine Matrosen bei Vergehen mit Peitschenhieben bestraft wurden (unter anderem, wenn sie sich selbst nach wiederholtem Branntweinentzug immer noch nicht wuschen), so leitete ihn doch eine große Empathie mit seiner Besatzung. Cook kannte das 1753 erschienene Buch des Marinearztes James Lind, der überzeugt war, daß Zitronensaft und Sauerkraut gegen Skorbut helfen können. Und Cook experimentierte weiter. Er setzte auch auf eingekochte Fleischbrühe und Malzwürze; er führte Karottenmarmelade und (wenig von dem teuren) eingedickten Zitronen- und Orangensaft mit. Er ließ Skorbut-Ausschläge mit Biertreber behandeln. Daß es Vitamin-C-Mangel war, der die Seeleute erkranken ließ, wußte man im 18. Jahrhundert noch nicht; diese organische Verbindung wurde erst in den späten zwanziger Jahren des 20. Jahrhunderts entdeckt und benannt.

Auf seiner zweiten Südseeexpedition begleiteten Cook der preußische Naturforscher Johann Reinhold Forster und dessen damals 17jähriger Sohn Georg, dessen Aufgabe es zunächst war, die neuen Pflanzen und Tiere zu zeichnen. Die drei Jahre auf See sollten den Jungen zum Begründer der wissenschaftlichen Reiseliteratur und zu einem Ethnologen machen, der, jenseits missionarischer Überheblichkeit, mit den Menschen, denen er begegnete, auf Augenhöhe verkehrte. In seinem Buch *Entdekkungsreise nach Tahiti und in die Südsee*, das er dreizehn Jahre nach der Expedition schrieb, erzählt er: »Die Gesundheit des Schiffsvolks ist bei langen Seereisen so wichtig, daß man zu ihrer Förderung und Erhaltung diesmal auf außerordentliche Mittel bedacht war. Hierzu hatte man verschiedene Lebensmittel ausfindig gemacht und vor allen Dingen unser deutsches

Sauerkraut nebst eingekochter gallertiger Fleischbrühe in großer Menge an Bord geschafft. Wir hatten in der *Resolution* sechzig große Fässer Sauerkraut, die bei unserer Rückkehr am Kap der Guten Hoffnung gänzlich geleert wurden. Die vielen Veränderungen des Klimas hatten ihm nichts geschadet. Vierzehn Tage vor unserer Ankunft in England fanden wir die letzte Tonne, die man bis dahin übersehen hatte, und auch diese enthielt so frisches und schmackhaftes Sauerkraut, daß verschiedene portugiesische Herren, die auf der Reede von Fayal mit uns speisten, nicht nur mit großem Appetit davon aßen, sondern sich den Rest ausbaten, um ihre Freunde an Land damit bewirten zu können.«

Die *Resolution* wurde begleitet von der *Adventure*. Auf diesem Segelschiff nahm man weder die Reinlichkeit und das regelmäßige Lüften noch die besondere Ernährung gegen Skorbut ernst: »Am 28. war die *Adventure* uns so nahe, daß wir mit den Leuten sprechen konnten. Sie erzählten uns, daß zwanzig Mann an Skorbut erkrankt seien. Diese Nachricht war uns desto unerwarteter, da auf unserem Schiff kaum Anzeichen von Skorbut vorhanden waren.« Auf der *Resolution* aßen die Seeleute »fleißig Sauerkraut, ihre Hängematten wurden alle Tage gelüftet, und das ganze Schiff wurde häufig mit Pulver und Weinessig geräuchert«.

Wann immer Cook an Land kam, sah er sich nach eßbaren Gemüsepflanzen (oft ist von wildem Kohl, Sellerie und Löffelkraut die Rede) oder nach Früchten um. Manchmal ging Cook, wie er in seinem Logbuch schreibt, »beim ersten Tageslicht am Morgen hinaus auf die Suche nach Grünem und kehrte zum Frühstück zurück mit einer größeren Menge davon«. Im Logbuch seiner dritten Reise notiert er am 3. Oktober 1778 von der Küste Alaskas: »Die Gemüse, welche wir das erste Mal, da wir uns hier aufhielten, gefunden hatten, befanden sich in einem Zustand der Verderbnis, so daß wir nur wenig für uns davon gebrauchen konnten; jedoch ward dieser Verlust mehr denn aufgewogen durch die große Menge Beeren, welche allüberall an der Küste gefunden wurden, und damit wir von ihnen so viele wie irgend möglich erhielten, so setzte ich ein Drittel der Leute umschichtig ein, sie einzusammeln.«

Bei seiner ersten Südseereise (1768-1771) hatte Cook noch 38 Tote zu beklagen gehabt. Jedoch war keiner an Skorbut gestorben. Bei seiner zweiten Südseereise (1772-1775) starben von seiner 112 Mann starken Besatzung nur vier Männer. Zwei bei Unfällen, einer am Alkohol und einer durch Suizid.

Wie sein junger Schiffsarzt William Anderson, der den Kerguelenkohl und seine Wirkung gegen Skorbut entdeckt hatte, kehrte auch James Cook nicht von der dritten Expedition zurück. Anderson war im August 1778 auf der Beringsee an Tuberkulose gestorben; Cook wurde im Februar 1797 in einem Streit mit Einheimischen auf Haiti getötet.

Mit seiner Mannschaft war Cook wie niemand zuvor in die südlichsten Eisregionen der Erde vorgedrungen. Dreimal hatte er den südlichen Polarkreis überquert. Er hatte die Antarktis umrundet und konnte nachweisen, daß Indischer und Atlantischer Ozean ineinander übergehen. Endgültig widerlegte er die These von der Existenz einer »Terra australis«, eines Südkontinents. Es ist kaum vorstellbar, welche Risiken er und seine Besatzung auf sich nahmen. Georg Forster erzählt: »Umringt von unzähligen Eismassen, die wie schwimmende Inseln aus

Jerseykohl für Spazierstöcke

dem Meer hervorragten, und nur desto gefährlicher waren, weil sie ihre Stelle verändern konnten, sahen wir sie oft nicht eher, als bis es fast zu spät war, das Schiff umzulenken; und wie viel Mal mögen wir nicht, ohne es zu wissen, in der Dunkelheit dem Untergange nur eben entronnen seyn! Wie oft haben wir nicht neben uns das Brausen der Woge, die sich an Eisfelsen brach, mit Schrecken gehört, ohne mit dem Auge den nahen Gegenstand unserer Besorgnisse erreichen zu können!« Trotz aller Entbehrungen bei dem monatelangen Leben auf dem Eismeer und einer Grundernährung, die aus fauligem Pökelfleisch und angeschimmeltem Zwieback bestand, konnte Cook den Ausbruch von Skorbut verhindern.

In seinem Essay »Cook, der Entdecker« spricht Georg Forster

von einer gewissen »Halsstarrigkeit« des Seemanns gegenüber allen »Neuerungen«, vor allem gegenüber unbekannten Speisen, und schreibt: »Cook, der diese eiserne Unbiegsamkeit des Schiffvolks kannte, versuchte es nicht, seinen Endzweck durch gewaltsame Mittel zu erreichen. In der Überzeugung, daß das Sauerkraut durch seine Säure der Fäulnis kräftig widerstehen müsse, aß er es täglich selbst, und bewog seine Officiere es ebenfalls zu essen. Dem gemeinen Manne, der gleich Anfangs seinen Abscheu dagegen zu erkennen gegeben hatte, stellte er es frey, sich eine Portion zu holen, oder sie noch fernerhin zu verschmähen. Allmählig ließ sich nunmehr einer oder der andere einfallen, was der Capitain und die Officiere täglich mit so vielem Wohlgefallen genössen, könne doch so schlimm nicht seyn. Es wurden einige Portionen geholt; bald darauf noch mehrere, und endlich ward die Tonne leer. Bey der Eröffnung der zweyten fand sich ein jeder ein und verlangte seinen Antheil, so daß von der Zeit an die Austheilung regelmäßig von Statten gieng. Auf diese Art setzte Cook sein Vorhaben durch, und erlangte mit Gelindigkeit, was er durch Gewalt gewiß nicht erreicht haben würde.«

John Beaglehol, ein neuseeländischer Historiker, Herausgeber von Cooks Schriften und sein Biograph, resümiert: »Die größte Lobrede auf Cook ist die Seekarte des Pazifik.«

Das Sauerkraut hat sie mitgeschrieben.

KRAUT ESSEN

Meine Mutter und meine Großmutter waren Vertriebene aus dem Sudetenland. Als ich klein war, wurde bei uns Böhmisch gesprochen und böhmisch gekocht. Weißkraut und Rotkraut gehörten zum festen Bestandteil des Wochenplans. Das Weißkraut gab es mit Kümmel, Speck und Zwiebeln, angebraten in Schweineschmalz und dann mit einem Lorbeerblatt sehr lange gekocht. Wie meine Mutter das Rotkraut zubereitete, weiß ich nicht mehr, aber es schmeckte immer süß. Vermutlich wegen der Apfel- oder Birnenstücke, die sie dazugab. Die geschälte Zwiebel spickte sie mit Nelken. Und ich glaube, sie begann mit etwas, das sie »Einbrenn« nannte. Hierfür wurde Mehl in Fett erhitzt. Das machte das Kraut dann sämiger. Ich erinnere mich, daß das Kraut meiner Mutter immer sehr weich gekocht war. Wir aßen Blumenkohl mit einer weißen Sauce, die ich nicht mochte. Rosenkohl gab es auch, aber seltener. Er war teurer. Auch er wurde dann eher matschig serviert. Weil das Leben hart war, mußte das Gemüse weich sein. Das immerhin hatten die Vertriebenen in der Hand.

Meine Mutter konnte aus wenigen Handgriffen in der Küche Kunst machen. Die Kunst war weniger das, was sie herstellte, sondern die Aufmerksamkeit, mit der sie alles behandelte. Sie hatte kleine Hände, die Fingernägel immer kurz geschnitten und nachgefeilt, die Nagelhäute mit einem Holzstäbchen zurückgeschoben, so daß man die Monde am Beginn der Nägel deutlich sehen konnte. Sie blanchierte Wirsingblätter, stellte sie zur Seite. Dann gab sie Hackfleisch (wenig) in eine Schüssel und altes, zuvor in Wasser aufgeweichtes Brot (viel), fein geschnittene Zwiebel und ein Ei. Sie schmeckte ab mit Salz und Pfeffer, mag sein auch mit Muskat, und knetete alles mit den Händen zu einem soliden Teig. Nun stach sie mit dem Löffel etwas von der Masse ab und gab die kleine Portion auf die Mitte eines Wirsingblatts. Sie schloß das Blatt um die Füllung zu einem Wickel, schlug die Enden um, stabilisierte sie, indem sie einen weißen Küchenfaden darumband, und setzte die so entstandenen Krautwickel (sie hießen Krautwickel, auch wenn es Wirsingwickel waren) dicht nebeneinander in eine Pfanne. Sie briet sie in heißem Fett an (ich glaube, in diesem Fall nahm sie Weizenkeimöl); nach und nach gab sie etwas Brühe dazu. Sie beobachtete das Garen, setzte einen Deckel auf die Pfanne, nahm ihn, je nach Zustand der Wickel, gegen Ende wieder ab. Damit die Speise bräunen konnte.

Meine Mutter konnte alles, was sie tat, aber auch einfach und schnell erledigen. Wenn sie keine Zeit hatte, warf sie Hackfleisch (wenig), Zwiebel (genug) in heißes Fett, gab den grob geschnittenen Wirsing dazu und schmorte das Ganze mit einem Deckel. Auch hier erreichte sie braune Krusten, indem sie den Deckel abnahm. Sie wendete die Speise mit einem Bratenheber, würzte nach und brachte die Pfanne auf den Tisch. Ich aß beide Wirsingvarianten gern. Die Wickel ein klein wenig lieber. Essen war dann wie Geschenke auspacken.

Wir wohnten zu viert (Vater, Mutter, Großmutter, Kind) in einer kleinen 3-Zimmer-Wohnung in einem Mietsblock. Aber der soziale Wohnungsbau gestand den Familien einen Keller zu. Er war sehr klein und nur mit einer Lattenwand, durch deren Zwischenräume man sehen konnte, vom Nachbarkeller abgetrennt. Ich erinnere mich an schwarzglänzende Kakerlaken in den Ecken des Gangs auf dem Betonboden. Wenn das Kellerlicht angeknipst wurde, liefen sie erschrocken davon. Ich fand sie zu groß und zu schön, um sie zu töten. Sie schienen mir Gesandte eines anderen Reichs. Wir waren einander, unverstanden, heimliche Verbündete.

In unserem Keller stand ein hohes, außen braunlasiertes Steingutgefäß, in dem meine Mutter ihr Sauerkraut lagerte. Sie besaß einen großen Krauthobel aus Holz (ihre Eltern hatten ihn bei der Vertreibung von »Zuhaus« aus dem Sudetenland mitgenommen). Meine Mutter liebte diesen Hobel, denn sie konnte damit das Kraut so fein hobeln, daß es wie gefiedert aussah. Wie das feine Brustgefieder eines sich schüttelnden Schwans. Unter dem schräg gestellten Hobel, den sie in der linken Hand hielt, manchmal auch an der Brust abstützte, und ihren nackten Armen bildeten sich grün-weiße Kraut-Gefiederberge auf der Wachstuchdecke unseres Küchentischs. Dann gab sie mit beiden Händen das Kraut in ihr Steingutgefäß. Immer eine Schicht Kraut, etwas Salz, ein kleine Handvoll Wacholderbeeren, ein Lorbeerblatt, wieder eine Schicht Kraut. Während des Füllens und auch wenn das Gefäß schon voll war, stampfte sie das Kraut mit einem Stampfholz, bis am Ende soviel Saft ausgetreten war, daß er das Kraut bedeckte. Obenauf kam ein Tuch, darüber legte sie eine exakt in die Gefäßöffnung passende Holzscheibe mit Griff, drückte die Scheibe auf die Krautmasse und beschwerte den Scheibendeckel mit einem Metallquader, den sie aus der Schusterwerkstatt ihres verstorbenen Vaters mitgenommen hatte. Ich glaube, eine Weile stand das Krautgefäß bei uns im Flur, aber dann trug meine Mutter es mit Hilfe der Großmutter in den Keller. Es sollte in der Kühle langsam vor sich hin gären. Von diesem Sauerkraut aßen wir, bis es schon lange die ersten Radieschen und den Schnittlauch für die Butterbrote gab.

Selten machte meine Mutter Krautsalat. Sie blanchierte das Kraut, gab ausgelassene Speckwürfel dazu und mischte eine Sauce aus warmer Fleischbrühe, Öl (Sonnenblumen) und Weinessig. Ich mochte das nicht besonders.

Meinen ersten guten Krautsalat lernte ich während des Studiums in einer griechischen Taverne in Tübingen kennen. Ich hatte damals eine Freundin mit kurzen blonden Haaren, die sich mit Wein auskannte und mit einigem mehr, von dem ich noch nichts wußte. Mit ihr ging ich zum ersten Mal in die Sauna. Und sie sagte, man könne so einen Krautsalat ganz leicht nachmachen. Von wegen: blanchieren! Man müsse das Kraut nur ganz fein schneiden, dann ginge es auch roh. Krautsalat war ein ideales Essen für uns zwei Erstsemester und eine segensreiche (weil gesunde, aber das war uns damals egal!) Alternative zur Mensa. Er kostete fast nichts, war leicht herzustellen. Wir aßen Brot, Oliven und selbstgemachtes Tsatsiki (geht auch ganz leicht) dazu. Und meine Freundin mit den kurzen blonden Haaren stellte eine Flasche Retsina Malamatina auf den Tisch. So begann mein Leben mit Krautsalat.

Etwas später, ich schrieb meine ersten Reportagen, erschien *Ungeheurer Alltag*, eine Reportagensammlung der Spiegel-Reporterin Marie-Luise Scherer. Bereits nach der ersten Geschichte wußte ich, daß ich mit ihr Kontakt aufnehmen mußte. Ihre Reportagen waren für mich ein Sprachschock.

Sie war freundlich; ich durfte sie im Wendland besuchen,

sie kochte für mich. (Sie war es auch, die später vom Filderkraut als dem »damenhaftesten« unter den Kohlköpfen sprach.) In einer blauen Emaille-Kasserolle briet sie einen Fasan im Ofen, den sie zuvor mit einer Marinade aus Olivenöl, Salz, Pfeffer und gestampften Wacholderbeeren eingerieben und mit Speckscheiben belegt hatte. Dazu kochte sie Sauerkraut. Sie nahm ein gutes Kraut aus der Büchse, gab es in den Topf, fügte ein Stück kalte Butter dazu und eine kleingeschnittene Zwiebel, ein Lorbeerblatt. Sie erhitzte alles mit einem Schuß Sekt. Nun köchelte das Sauerkraut einen Nachmittag lang vor sich hin, während wir in ihrer Küche saßen und sprachen. Immer wieder stand sie auf, goß Sekt nach, gab später auch kleine Birnenstücke dazu, noch etwas Butter. Alles müsse hell bleiben, sagte sie. (Also auf keinen Fall die Zwiebel vorher anrösten!) Indem ich begriff, wieviel Zeit und Beobachtung ein wirklich gutes Sauerkraut braucht, habe ich vielleicht das Wichtigste über ihre Texte verstanden. Immer wieder habe ich ihr Sauerkraut nachgekocht. Es gelingt, und meine Freunde loben mich. Aber an ihr Sauerkraut kommt es nicht heran.

Im Unterschied zu mir machte sie keinen Krautsalat. Jetzt von einem Rezept zu sprechen grenzte an Hochmut. Krautsalat bleibt die elementarste Form, Kraut zu essen, wenn man kein Hase ist. Interessant vielleicht, daß Plinius Salat auch deshalb schätzte, weil man ihn essen konnte, ohne fremde Energie zu verschwenden: »Von den Gartengewächsen gefielen die am meisten, die kein Feuer brauchten, Holz sparten, leicht beschaffbar und immer bereit waren; daher nannte man sie ›Salate‹.«

ERSTES INTERMEZZO: MEIN KRAUTSALAT

Man nimmt einen frischen Krautkopf. Halbiert ihn, entfernt den Strunk. Wenn es ein lockerer Kopf ist, schneidet man ihn mit einem scharfen Küchenmesser in möglichst feine Streifen. Ist der Kopf fest, kann man ihn hobeln, wenn man einen guten Hobel hat. Oder mit einem Spargelschäler (bewegliche Klinge) in ein Gefieder verwandeln. Dazu wird der halbierte Kopf von den Rändern her gegen den Schnitt raspelnd »geschält«. Am Anfang braucht das etwas Geduld, aber mit der Zeit geht es ganz schnell. Man bekommt ein Gespür dafür. Die Reste, die sich nicht mehr »schälen« lassen, schneide ich mit dem Messer oder hebe sie auf für eine Suppe. Nun kommt Salz, weißer Balsamico-Essig und Olivenöl dazu. Natürlich geht es mit jedem anderen Essig auch. Oder mit Zitrone. Oder mit Orangensaft. Oder ohne Essig. Oder mit anderem Öl. Oder mit einer Avocado. Ich variiere den Geschmack je nach Laune oder Eigensinn der Gäste mit Ingwer, frischen Salbeiblättern, Thymian, Petersilie, Koriander, Basilikum, Kreuzkümmel, Chilischoten, Knoblauch. Manchmal gebe ich auch feingeschnittene Champignons dazu oder hauchdünne Fenchelscheiben. Da das Kraut einen freundlichen, leicht süßlichen Grundgeschmack hat, kann es im Grunde in unendlich viele Richtungen hin variiert werden. Auch mit Sahne oder Joghurt, Mayonnaise. Es verträgt sich mit vielen anderen Gemüse- oder Obstsorten. Der Klassiker wäre hier der Kraut-Karotten-Mayonnaise-Salat, den es in den angelsächsischen Ländern unter dem Namen Coleslaw als Beilage gibt.

Das Wichtigste bei dieser Art von rohem Krautsalat ist, daß

die Qualität des Krauts gut ist und daß es möglichst fein geschnitten wird.

Meine Söhne mögen meinen Krautsalat. Meine Tochter ist eher skeptisch (sie bevorzugt Brokkoli mit Butter und Pinienkernen). Mein älterer Sohn variiert einen asiatischen Grüne-Papaya-Salat mit Weißkraut (Limettensaft, Fischsauce, Zucker, Chilischoten).

Mein jüngerer Sohn hat eine neue Krautzubereitung in die Familie gebracht. Er experimentiert mit Federkohl. Er schneidet die bläulichen, krausigen Blätter in ca. 3 cm breite Stücke, mariniert sie in einer Schüssel mit etwas Öl, Salz, Knoblauch, Chili, legt sie auf Backpapier in ein Backblech und trocknet sie. Ich glaube, so bei 100 Grad oder etwas höher, vielleicht eine halbe Stunde. Er wendet und prüft sie, bis sie ihm gefallen. Auch mein Mann, dem guten Kohl eher weniger zugeneigt, liebt diese Federkohl-Chips. Er ißt den süßen Rosenkohl (weichgekocht, mit einer Béchamelsauce und viel Muskat). Und er knabbert den milden Kohlrabi, roh, in feine Scheiben geschnitten. Und manchmal kocht er zu Bucatini eine Sauce aus Blumenkohlröschen, Sardellen, einer Prise Safran und sardischem Pecorino.

Vermutlich hat nicht nur jede Lebensgeschichte, jede Familie ihr Kraut, ihre Kohlpflanze, sondern auch jede Nation. Kraut ist Heimat. Individuelle Heimat und kollektive Heimat. So ist diese Pflanze regional und global zugleich. Und, durch Milchsäuregärung haltbar gemacht, auch immer saisonal.

Jährlich werden weltweit rund 71 Millionen Tonnen Weißkraut angebaut, die Hälfte davon in China. Als Hauptproduzenten folgen Indien, Rußland, Südkorea, die Ukraine, Indonesien, Japan, Polen, Usbekistan und die USA. Daneben gibt es weitere 150 Länder, deren Landstriche von Weißkrautfeldern geprägt sind, so in Südamerika, Westafrika, Südostasien und Ozeanien.

Schon in der Antike gab es Krautgärten zur Selbstversorgung. Plinius schreibt: »Cato rühmt die Kohlgärten. Nach diesen hat man zuerst die alten Bauern eingeschätzt, und man fällte, wo der Garten nicht ordentlich bestellt war, sofort das Urteil, die Frau des Hauses tauge nichts (denn dies gehörte zum Pflichtkreis der Hausfrau).«

Kaiser Karl der Große (747-814) erließ für seine Kronländer eine Landgüterverordnung (»Capitulare de villis vel curtis imperii«), in der er festhielt, was auf einem idealen Landgut angebaut werden soll. Immerhin sind von der Kohlart »Gemüsekohl« der Kopfkohl und der Kohlrabi dabei und von der Kohlart »Raps« die Stoppelrübe.

Im Mittelalter war es zunächst in den Klöstern üblich, Kraut anzubauen. Bald wurden schöne Krautköpfe im Krautgarten, gleich beim Haus, zum Zeichen eines im kleinen gelingenden Lebens.

Neben der Pflege des eigenen Gemüsekohls begann im ausgehenden 18. und beginnenden 19. Jahrhundert der Kohlanbau auf großräumigen Feldern und damit bald die Krautverarbeitung in größerem Stil. Nachdem ein französischer Gourmetkoch das Sterilisieren, das Einwecken, entdeckt hatte, war Napoleon der erste, der seine Grande Armée nicht nur mit Sauerkraut in Fässern, sondern auch mit Gläsern voller Weißkraut versorgte. Bald übernahmen auch seine Feinde das gekochte und haltbargemachte Kraut als Heeresproviant.

Kraute oder Kopfkohle

1. Schlitzer, blaurandiges

2. Griechisches Centner-

3. Berliner, mittelfrühes dunkelrothes

4. Bleichfelder, großes frühes

5. Filder, spitzes weißes

1932 entwickelte die Firma Hengstenberg als erste die Sauerkrautkonserve. Nach Fehlversuchen, bei denen die Dosen explodierten oder verbeulten, erhitzte man das Sauerkraut vor dem Einfüllen und Schließen der Dosen im eigenen Saft. So wurden die lebenden Milchsäurebakterien abgetötet; der Gärungsprozeß war damit gestoppt. Die Milchsäure blieb erhalten. Nun kamen die Dosen zum Sterilisieren ins Wasserbad. Im Zweiten Weltkrieg war Sauerkraut als 10-Liter-Dauerkonserve ein wichtiger Bestandteil der Heeresverpflegung. Nach dem Krieg kam die kleine Literdose in die deutschen Haushalte. Im Norden, in der Region Dithmarschen an der Nordsee, aber auch in Süddeutschland auf den Fildern bei Stuttgart, im bayerischen Markendorf, in der Südpfalz und in Nordrhein-Westfalen entwickelten sich Kohlanbau-Zentren. Auch im Elsaß entstand, um Krautergersheim herum, eine Region, die für ihr Weißkraut berühmt ist, das vor allem zum Choucroute verarbeitet wird.

Ungeachtet dieser französischen Gourmetdomäne gelten Sauerkraut und Kohlrouladen als deutsche Nationalgerichte. So sehr, daß die Deutschen im Zweiten Weltkrieg auch als »Krauts« bezeichnet wurden. Dieser nicht unbedingt positiv belegte Name galt in Hollywood ironisch-zärtlich abgemildert für Marlene Dietrich: »the kraut«.

Eine schwäbische Variante des deutschen Sauerkrauts als Beilage ist das beliebte (und preiswerte) Sauerkraut-mit-Schupfnudeln-Gemisch in der Bratpfanne. Im deutschen Norden ist Grünkohl, der auch Braunkohl heißen kann, mit Pinkel (also Speck und Würsten) ein Traditionsessen. Seit 1554 kommen einmal im Jahr Bremer Kaufleute, Reeder und ihre Kapitäne zum

Grünkohlessen zusammen; diese »Schaffermahlzeit« ist das älteste Brudermahl der Welt.

Zu Rußland gehört die Kohlsuppe Schtschi (gekocht mit Sauerkraut oder Weißkraut, angerichtet mit Schmand); in der Ukraine, wie in ganz Osteuropa, gibt es Borschtsch, eine Suppe aus Roter Bete und Weißkohl (in so vielen Varianten, wie es Großmütter gibt); Bigos, ein Eintopf aus gedünstetem Sauerkraut mit verschiedenen Fleisch- und Wursteinlagen, gilt als polnische Nationalspeise, wird aber ungefähr auch überall da gegessen, wo es Borschtsch gibt. In Rumänien, Bulgarien, Serbien wickeln Köchinnen die mit Hackfleisch und Reis gefüllte Kohlroulade Sarma; in Schweden heißt sie Kåldolmar. Im arabischen Raum ist sie als Malfuf bekannt und wird gerne mit Minze gewürzt. Sie wird zum jüdischen Laubhüttenfest unter dem Namen Holischkes gereicht und kann auch Prakkes heißen. Dieses Wort ist vom Türkischen Yaprak abgeleitet, dem Wort für Blatt. Gefüllte Krautblätter gibt es auch in der Türkei, dort neben verschiedensten Weißkrautaufläufen und gebratenem Blumenkohl. Und mit geschnittenem Weißkraut wird am Bosporus manch Fischbrötchen verfeinert. Zu Frankreich gehört das Choucroute garnie oder auch das wunderbare Choucroute de la mer, ein Sauerkraut mit Fisch, Langusten, Muscheln. Die Portugiesen sind bekannt für ihre Caldo Verde, eine Cremesuppe aus Palmkohl; die Ungarn lieben ihr Szegediner Gulasch. In Finnland hat es Färikäl (»Schaf im Kohl«) zum Nationalgericht gebracht. Dort wird Weißkraut und Schaf- oder Lammfleisch im Topf geschichtet, jede Schicht mit Mehl, Salz und ganzen schwarzen Pfefferkörnern bestreut, dann gekocht. In Indien gibt es Pakora, frittiertes Gemüse im Teigmantel, darunter oft Blumenkohl. Und Sambhara, eine vegetarische Gemüsepfanne, meist auf Grundlage von Kraut oder Blumenkohl. In asiatischen Ländern entspräche dem Sauerkraut der fermentierte Chinakohl Kimchi. Kimchi gilt als das tägliche Brot der Koreaner. Der amerikanische Coleslaw-Krautsalat mit Karotten und Mayonnaise wurde schon erwähnt, wie auch der Krautsalat der Griechen, mit dem meine vielleicht nicht nur kulinarische Befreiung begann.

Viele Jahre später, wir waren beide verheiratet, hatten Kinder, trafen sich unsere Wege wieder. Meine Freundin mit den blonden Haaren war mittlerweile Germanistikprofessorin in Amerika. Sie lud mich ein, einen Schreibkurs für ihre Studenten zu geben. Bei dieser Gelegenheit erzählte sie mir, daß sie einen Kimchi-Kurs bei einer Koreanerin gemacht, und daß sie immer ein Glas Kimchi im Kühlschrank habe. Sie gab mir das Rezept: »Traditional Napa Cabbage Kimchi«.

ZWEITES INTERMEZZO: KIMCHI, EINFACH

Man kann es – wie Sauerkraut – im Glas mit Klarsichtfolie fermentieren lassen oder im Bügelglas.

1 kg Chinakohl
¼ Tasse Meersalz
5-6 Knoblauchzehen
1-2 cm geschälter Ingwer
¼ kleine Zwiebel
1 Teelöffel Zucker

2-3 Teelöffel Fischsauce
1-5 koreanische rote Chiliflocken (Gochugaru)
250 g weißer Rettich, in streichholzgroße Stückchen geschnitten
4 Frühlingszwiebeln, in 2 cm lange Stücke geschnitten

In meinem Dorf gibt es kein Gochugaru, aber Chilipulver aus Frankreich; das geht auch.

Den Chinakohl halbieren, Strunk rausschneiden, dann jede Hälfte nochmals halbieren, die Stücke im rechten Winkel in ca. 4 cm große Stücke schneiden. In eine große Schüssel geben, das Salz dazutun und nun mit den Händen gut durchmischen. Das Ganze mindestens 45 Minuten stehenlassen. (Ich lasse es anderthalb Stunden stehen.) In der Zwischenzeit: Knoblauch, Zwiebel, Ingwer kleinschneiden und dann mit einem Mixer pürieren. In eine Schüssel geben und mit dem Zucker, den Frühlingszwiebeln, den Chiliflocken, der Fischsauce und den kleinen Rettichstückchen vermengen. Nun den geschnittenen Chinakohl sehr gut abwaschen, mehrfach. Am Ende in einer Salatschleuder trocknen und vielleicht noch mit einem Tuch abtupfen. So vorbereitet in die Schüssel mit den anderen Zutaten geben und alles sehr gut durchmischen. Es bildet sich etwas Flüssigkeit. Nun in ein Glas geben, festdrücken, etwas Klarsichtfolie auf die Masse, mit einem Stein beschweren. Eine zweite Klarsichtfolie über das Glas spannen, mit einem Gummi befestigen. Oder in ein Bügelglas geben, runterdrücken, mit einem Stein beschweren. Glas schließen.

Drei bis vier Tage in Ruhe lassen. Dann in den Kühlschrank stellen. Vom Glas mit der Plastikfolie die Folie entfernen und einen Deckel aufschrauben. Wenn ich Kimchi im Bügelglas gemacht habe, fülle ich es in ein Schraubgefäß um. Damit es nicht riecht. Man kann das Kimchi jederzeit essen. Manche sagen, am besten sei es so nach drei Wochen, danach werde es etwas saurer. Das ist Geschmackssache. Es hält sich mehrere Monate.

Beim Bau der Großen Mauer – sie wurde vom ausgehenden 14. Jahrhundert bis Mitte des 17. Jahrhunderts errichtet – sind die Arbeiter vor allem mit Reis und Kohl ernährt worden. Aber bereits zu Beginn des 13. Jahrhunderts habe, der Legende nach, der Mongolenkönig Dschingis Khan von seinem Chinafeldzug das Rezept für Sauerkraut mitgenommen und es bei seinen Eroberungen Richtung Westen nach Europa gebracht. Sauerkraut oder Kimchi? Jedenfalls nahmen die Europäer in Ermangelung von Chinakohl das, was auf ihren Feldern wuchs, ihr gutes Weißkraut.

DRITTES INTERMEZZO: SAUERKRAUT, EINFACH

Dies ist vermutlich die einfachste Art, Sauerkraut herzustellen.

Ich nehme ein leeres Schraubglas, einen Flußstein, etwas Klarsichtfolie, ein Gummi zum Fixieren der Folie.

Vom Krautkopf ein Blatt lösen und so zurechtschneiden, daß es die Größe der Öffnung des Glases hat. (Man braucht es später zum Abdecken.) Krautkopf halbieren, den Strunk entfernen, dann in ein Gefieder verwandeln. In eine Schüssel geben und mit etwa 10 Prozent Meersalz mischen – anderes Salz geht auch. Dann mit den gewaschenen Händen gut 10 Minuten oder länger kneten und kneten, bis Saft austritt und noch mehr Saft austritt. Man kann das geknetete Kraut immer wieder auch mit den Fäusten stampfen. Es ist erstaunlich, wieviel Saft sich in der Schüssel bildet. Nun die Masse in das frisch mit kochendem Wasser ausgespülte Glas füllen, vielleicht, schichtweise, Lorbeerblätter oder Fenchelsamen oder schwarzen Pfeffer oder feingeschnittene Peperoncini oder was man mag dazugeben. Jede Schicht fest andrücken. Am Ende muß das Kraut so fest ins Glas gedrückt sein, daß es mit der Krautflüssigkeit ganz bedeckt ist. Nun das zurechtgeschnittene Krautblatt obendrauf legen. Das Ganze beschweren – ich nehme einen gut gewaschenen und mit kochendem Wasser übergossenen Stein vom Inn. Nochmals runterdrücken, damit der Krautsaft sicher gut über dem Kraut steht. Und alles mit einer Klarsichtfolie schließen. Die Folie mit einem Gummi fixieren.

Wenn man ein Bügelglas hat, geht es auch. Der Gummiring gewährleistet, daß kein Sauerstoff ins Glas kommt, die Gärgase aber trotzdem entweichen. So oder so das Glas nicht bis zum Rand füllen, so daß die Gärung Raum hat!

In den nächsten Tagen zweimal täglich die Folie abnehmen, den Stein herausnehmen, abspülen. Das Kraut mit einem Löffel wieder runterdrücken. Stein drauf, Folie drüber, mit Gummi fixieren. Beim Bügelglas muß man, wenn das Kraut mit Saft bedeckt ist, nicht so viel eingreifen.

Bei mir steht das Sauerkrautglas in den ersten zwei, drei Wochen auf der Eckbank in der Küche, ein wenig im Schatten.

Ab und an probiere ich. Wenn es schmeckt, Folie ab, Dekkel draufschrauben und das Glas in den Kühlschrank stellen. Oder gleich essen. Roh, gekocht, in Öl gebraten. Und den Saft, der das Kraut bedeckte, trinken.

Meist arbeite ich mit zwei Gläsern, in verschiedenen Stadien. Ich habe das Gefühl, daß das Herunterdrücken des Krauts in den ersten drei Tagen wichtig ist. Man muß nach ihm schauen, man gießt ja auch die Blumen. Wenn der Gärprozeß dann gut in Gang gekommen ist, scheint das Sauerkraut stabil zu sein.

Natürlich gibt es auch sehr gutes Sauerkraut zu kaufen! Aber selbstfermentiertes Sauerkraut kann man nach Geschmack würzen und variieren, vielleicht mit Fenchel oder Karotten mischen. Auch Rotkraut ergibt ein wunderbares Sauerkraut!

Wer Sauerkraut in großen Mengen für den Winter herstellen möchte, kann sich einen Sauerkraut-Gärtopf kaufen, der dann im Keller steht. So hielt es schon Witwe Bolte:

Eben geht mit einem Teller
Witwe Bolte in den Keller,
Daß sie von dem Sauerkohle
Eine Portion sich hole,
Wofür sie besonders schwärmt,
Wenn er wieder aufgewärmt.

Leider verschüttet sie dann das gute Kraut, weil sie in der Wut mit dem Schöpflöffel auf den armen Spitz losgeht. Der bekommt die Prügel, die den beiden bösen Buben gegolten hätten. Mit einer Angel hatten sie die in der Pfanne schmurgelnden Hühner durch den Kamin gestohlen und verschmaust.

Ich habe mich lange gefragt, warum aufgewärmtes Sauerkraut so besonders gut sein soll. Ich glaube, man gab zum Aufwärmen einfach immer noch ein wenig Schmalz dazu. Probleme mit dem Geruch scheinen Köchinnen und Schmausende früherer Zeiten weniger gehabt zu haben. Vermutlich weil es vor dem Aufkommen moderner Hygienevorstellungen in und außerhalb der Häuser so heftig gerochen haben wird, wie wir es uns heute nicht mehr vorstellen können. Und sicher bleibt die Frage: Wo hört der Hautgout auf und wo beginnt der Hauch der Verwesung?

Ich habe krautenthusiastische Freundinnen, die schon zum Frühstück Kimchi essen, und krautskeptische. Die krautskeptischen (die meisten von ihnen wurden in der Kindheit mit zu viel Kraut und Sauerkraut traktiert) sprechen vom deprimierenden Kohlgestank und von Blähungen und Bauchschmerzen. Gegen Gestank und Blähungen können Gewürze helfen: Ingwer, verschiedene Kümmel, Fenchelsamen. Ich bereite mein Kraut, gekocht oder roh, eher mediterran zu, mit Zitrone und Olivenöl, oder asiatisch. Und ich wärme nicht auf, sondern koche lieber kleine Portionen – und die immer frisch.

Kohlpflanzen gehören zu den Grundnahrungsmitteln der Menschheit, und sie sind Heilmittel. Die beiden großen Krautautoren der Antike waren der römische Staatsmann Cato der Ältere und der um einige Generationen jüngere Plinius Secundus, geboren 23 n. Chr., gestorben im Golf von Neapel beim Ausbruch des Vesuvs, der »Pompeji-Eruption«, im Jahre 79 n. Chr.

In der ältesten uns überlieferten lateinischen Prosa preist Cato etwa 150 Jahre vor Christus die Wirkkraft des Kohls: »Es ist der Kohl, der alle anderen Gemüse übertrifft. Iß ihn gekocht, oder iß ihn roh; wenn du ihn roh ißt, tunke ihn in Essig ein. Wunderbar fördert er die Verdauung, bewirkt einen guten Stuhlgang, und der Urin wird gegen alle möglichen Beschwerden helfen.« Zwei der längsten Kapitel in seiner Schrift über die gute Landwirtschaft »De agricultura« sind dem Kohl gewidmet. Kohl bringe, »was die Gesundheit angeht, alles ins rechte Verhältnis«. Cato stützt sich in seinem Kohlwissen explizit auf Pythagoras (570-510 v. Chr). Pythagoras soll ein leidenschaftlicher Vegetarier gewesen sein. Jedenfalls läßt ihn Ovid im 15. Buch der »Metamorphosen« sagen: »Hütet euch, ihr Sterblichen, euern Leib mit mörderischen Speisen zu entweihen! Gibt es doch Feldfrucht, gibt es doch Obst, das mit seinem Gewicht die Äste herabzieht, und an Reben schwellende Trauben; gibt es doch süße Kräuter und solche, die erst im Feuer weich und mild werden können; und man raubt euch ja weder die flüssige Milch noch den Honig, der nach Thymianblüte duftet. Verschwenderisch schenkt die Erde ihren Reichtum, friedliche Nahrungsmittel, und bietet euch Speise ohne Mord und Blut.«

Pythagoras soll sich vor allem von Honig und Brot ernährt haben und eben: von rohem und gekochtem Kohl.

In seinem Kapitel »Über den Kohl des Pythagoras, was an Nutzen und Heilkraft in ihm ist« unterscheidet nun Cato drei Kohlsorten: die erste, die sogenannte »glatte«, sei »ausladend, hat mit ihren breiten Blättern und dem großen Stengel einen kräftigen Charakter«. Eine zweite Sorte sei »gekräuselt« und, was die Heilwirkung angeht, stärker als die erste. Eine dritte aber, »die mild genannt wird mit kurzen Stengeln und zart«, sei die wirksamste. »Auf alle Wunden und Geschwulste lege sie zerrieben auf; sie wird alle Geschwüre reinigen und ohne Schmerz heilen; sie läßt auch Geschwüre reifen und bricht sie auf; sie wird auch schwärende Wunden und Krebsgeschwulste reinigen und heilen, was ein anderes Heilmittel nicht bewirken kann.« Auch bei Verrenkungen und bei Blutergüssen hilft zerriebener Kohl. Und es ist Cato, der wohl das früheste erhaltene Rezept für Krautsalat gibt: »Wenn du Kohl geschnitten, gewaschen, getrocknet und mit Salz bestreut und Essig besprengt essen willst, ist nichts gesünder.« Damit er besser schmecke, könne man ihn auch mit einer Honig-Essig-Mischung (»Essigmet«) würzen und Rauke und Koriander feingehackt dazutun. »Und auch von den Augen wird er alles Üble wegnehmen und Heilung bringen.« Am besten wird er morgens nüchtern gegessen. »Und wenn der Gallensaft schwarz ist und wenn die Milz geschwollen ist und wenn das Herz wehtut und wenn die Leber oder die Lunge oder das Zwerchfell schmerzen, wird er, mit einem Wort, das alles heilen, was im Innern Schmerzen verursachen kann.« Und schon Cato spricht von Arthrose: »Die Krankheit der Gelenke aber beseitigt kein Mittel so wirksam wie roher Kohl.«

Auch der Urin eines fleißigen Kohlessers hat heilende Wirkung. Man sammle ihn, erwärme ihn und setze den Kranken hinein. Da wird er gesund. »Ebenso werden Kleinkinder, wenn du sie in solchem Urin badest, niemals kränklich. Wenn Kopf oder Nacken schmerzen, wasche sie mit solchem warmen Urin; sie werden nicht mehr wehtun.« Und endlich hilft der Urin des Kohlessers bei Frauenleiden. »Wenn du den Urin in einer Schale erhitzt hast, stelle sie unter einen durchlöcherten Schemel. Die Frau setze sich darauf; decke sie zu und lege Kleidungsstükke um sie herum.« So gewärmt, wird das Geschlecht der Frau »niemals erkranken«. Das alles klingt leicht skurril, aber auch uns Aufgeklärten ist der Gedanke nicht ganz fern, in schwefelhaltigen Wassern Linderung von Schmerzen zu finden.

Dieser Cato der Ältere, von dem vielleicht noch das Wort vom zu vernichtenden Karthago aus den Schultagen widerhallt, war ein konservativer Staatsmann, der das bäuerliche Leben schätzte. Doch kannte Cato offensichtlich die Freuden (und die Leiden) von Alkohol und guten Speisen und die entgiftende Wirkung des Kohls: »Wenn du bei einem Gastmahl viel trinken und mit Appetit essen willst, iß vor dem Mahl so viel rohen Kohl aus dem Essigtopf, wie du willst, und ebenso iß, wenn du gespeist hast, etwa fünf Kohlblätter: Das wird dich so wiederherstellen, als habest du nichts gegessen, und du wirst so viel trinken können, wie du willst.«

In der Antike sah man eine Spannung zwischen der rauschbringenden süßen Rebe und dem ernüchternden, schwefeligen

Kohl. Man solle deshalb ein Kraut nie zu nah an einen Weinstock setzen, sonst würden die Trauben dessen strengen Geruch annehmen.

Nach einer anderen Legende sind Krautköpfe die Tränen des thrakischen Königs Lykurg. Warum weinte Lykurg? Der König mochte die Trinker nicht. Er vertrieb sie und ließ ihre Rebstökke abschlagen. Dies aber ärgerte Dionysos, den Gott des Weines. Er schlug Lykurg mit Wahnsinn. Und der arme König verwechselte seinen eigenen Sohn mit einem Weinstock und fällte ihn.

In seiner *Naturkunde* schrieb auch Plinius Secundus ausführlich über die Heilwirkung von Kohl. Er beruft sich dabei auf Cato, aber auch auf Pythagoras und andere griechische Ärzte und Universalgelehrte. »Die Schule des Erasistratos verkündet laut, daß nichts für den Magen und die Sehnen von größerem Nutzen sei; deshalb verordnet sie den Kohl bei Lähmungen, beim Zittern und Blutspucken. Hippokrates empfiehlt diesen mit Salz zweimal gekocht bei Verstopfung und Ruhr, ebenso bei Stuhlzwang und Nierenleiden, auch bringt er, wie jener meint, den Wöchnerinnen reichliche Milch und wirkt menstruationsfördernd. Sogar das Kauen des rohen Stengels treibt abgestorbene Leibesfrüchte aus.« Plinius zitiert den griechischen Arzt und Giftforscher Apollodoros, der gegen Ende des 4. Jahrhunderts v. Chr. gelebt hat: »Apollodoros verordnet den Samen oder den Saft bei Pilzvergiftungen.« Und Plinius erwähnt, daß der griechische Arzt Philistion (427-347 v. Chr.), ein jüngerer Zeitgenosse des Hippokrates, bei »Nackenkrampf den Kohlsaft in Ziegenmilch mit Salz und Honig« empfiehlt. Und fügt hinzu: »Ich finde, daß man auch von der Gicht geheilt wurde, wenn man Kohl gegessen und die davon abgekochte Brühe getrunken hat; man hat diese unter Zusatz von Salz auch bei Magenerkrankungen und Epilepsien gegeben, desgleichen bei Erkrankungen der Milz mit Weißwein vierzig Tage lang, ebenso bei Gelbsucht und Gemütskrankheiten.« Bei Heiserkeit solle man reinen, rohen Kohlsaft gurgeln und trinken, bei Schluckbeschwerden ihn aber mit Essig, Dill, Honig und Pfeffer versetzen. Er nütze bei Blähungen, bei Schlangenbissen und bei »faulen und alten Geschwüren«. Er wirke innerlich wie äußerlich: »So legen manche Kohl auch bei Gelenkschmerzen und Gicht auf.« Aufgelegte Kohlblätter lindern »Nachtblattern und was sonst am Körper fortwuchert, ebenso die plötzlich auftretende Verdunkelung der Augen«. Gut für die Augen sei es auch, Kohl mit Essig zu verzehren. »Ohne Zusatz aufgelegt aber nützt er bei Quetschungen und sonstigen blauen Flecken.« Und von Epicharmos (540-460 v. Chr.) zitiert er, »daß er als Auflage bei Erkrankungen der Hoden und der Geschlechtsteile sehr nützlich sei, noch wirksamer mit gestoßener Bohne, ebenso bei Verstauchungen, mit Raute gegen die Fieberhitze und Schäden des Magens, mit dem Samen der Raute zum Austreiben der Nachgeburt und gegen die Bisse der Spitzmaus.«

Durch die westliche Literatur zieht sich, von den Naturkunden der Antike über die Klostergärtner des Mittelalters und die Schiffsköche der großen Segler, das Lob des Krauts bis in die Gegenwart. Sebastian Kneipp heilte mit Kraut, wie auch der Schweizer Benediktinerpater Thomas Häberle; das Kraut steht im Zentrum seiner drei Heilbücher.

☙ *VIERTES INTERMEZZO: UMSCHLÄGE MIT KRAUT*

Ich habe sie probiert. Sie helfen, aber sie sind umständlich. Frische Weißkraut- oder Wirsingblätter nehmen, den Strunk entfernen. Dann mit einem Wellholz wellen, damit die Blattstruktur aufgebrochen wird und Saft austritt. Nun die so behandelten Blätter wie Schindeln geschichtet um das schmerzende Körperteil wickeln. Wenn ich Kniewickel mache, lege ich über das Kraut zunächst noch Klarsichtfolie, bevor ich alles mit einer elastischen Binde fixiere. Wenn zwischen den geschichteten Krautblättern und der Binde Klarsichtfolie liegt, sickert der Saft nicht in die Binde, sondern bleibt am Knie. Wickel am besten am Abend anlegen und über Nacht wirken lassen. Ich habe diese Wickel schon lange nicht mehr gemacht; ich trinke Krautsaft. Als schnelles Notfallprogramm bei entzündetem Knie helfen auch Wickel mit Magerquark. Und einfach und wirksam: Einreiben mit einem guten Olivenöl. ☙

Heute können wir die Inhaltsstoffe von Kohlpflanzen benennen. Sie sind reich an Vitaminen, Mineralstoffen und Ballaststoffen. Und sie enthalten Antioxidantien. Ihr Vitamin C stärkt unser Immunsystem. Die Vitamine der B-Gruppe sind wichtig für den Eiweiß- und Energiestoffwechsel und gut für die Nerven. Vitamin K hilft bei der Blutgerinnung und stärkt den Knochenaufbau. Vitamin A ist gut für die Augen. Vitamin E schützt die Zellen. Die fettlöslichen Vitamine A, D, E, und K können nur zusammen mit Fett aufgenommen werden. Also im Zweifelsfall der Krautspeise immer einen Schuß (Oliven-)Öl beigeben.

Grünkohl, Brokkoli und Rosenkohl enthalten doppelt so viel Vitamin C wie Orangen oder Zitronen. Nach Möhren (9800 mg Provitamin A auf 100 g) sind Grünkohl (5200 mg), Brokkoli (850 mg) und Rosenkohl (470 mg) gute Vitamin-A-Spender.

Unter den Kohlpflanzen liefern Brokkoli, Grünkohl und Rosenkohl besonders viel Vitamin B1, Vitamin B2 und Vitamin B6. Folsäure (Vitamin B9) ist in hohen Mengen in Grünkohl, Rosenkohl und Kohlrabi enthalten. Der Vitamin-K-Gehalt ist am höchsten in Sauerkraut, Rosenkohl und Blumenkohl.

Kohlpflanzen sind reich an Mineralstoffen wie Kalium, Calcium, Magnesium, Phosphor, Natrium und Eisen. Grünkohl enthält so viel Calcium und Eisen wie Milch. Die in den Kohlpflanzen reichlich vorhandenen Ballaststoffe beeinflussen den Blutzuckerspiegel positiv, sie binden die Gallensäure und schleusen das in ihr enthaltene Cholesterin aus dem Körper. Sie helfen also, den Cholesterinspiegel zu senken.

Kohlpflanzen enthalten sekundäre Pflanzenstoffe, die als Antioxidantien unseren Körperzellen helfen, gesund zu bleiben. Sekundäre Pflanzenstoffe stärken das Immunsystem und schützen vor Viren, Bakterien, Pilzen. Sie beugen Gefäßverstopfungen vor und haben einen positiven Einfluß auf die Blutzuckerwerte und den Cholesterinspiegel. Wichtige sekundäre Pflanzenstoffe sind Carotinoide, Glucosinolate und Flavonoide. In Grünkohl und Wirsing sind viele der gelborangen Pflanzenpigmente (Carotinoide) enthalten wie Beta-Carotin, Lycopin, Lutein und Zeaxanthin. Alle Kohlpflanzen enthalten hochkonzentriert Glucosinolate (Senfölglykoside). Sie regen die körpereigene Entgiftung an. Sulphoraphan, ein Abbauprodukt der Senfölglykoside, soll durch seine starke antioxidative und keimabtötende Wirkung bei Magengeschwüren helfen und Tumorzellen hemmen. Brokkoli, Rosenkohl und Blumenkohl enthalten hohe Mengen von Sulforaphan. Auch Flavonoide können freie Radikale binden und damit die Entstehung von Tumoren abwehren. Rotkohl, mit dem Farbstoff Anthocyan, ist eine flavonoidreiche Pflanze.

Und der Proteingehalt der Kohlpflanzen sei nicht vergessen.

Rosenkohl (4,9 g auf 100 g) und Grünkohl (4,3 g auf 100 g) enthalten fast so viel Eiweiß wie Milch (5 g).

Vor allem Sauerkraut, das gegen Fäulnisbakterien und Gärrückstände wirkt, kann bei Rheuma, Herzbeschwerden oder Arterienverkalkung helfen. Durch die Milchsäuregärung ist im Sauerkraut der Anteil an Pflanzenzellulose schon weich geworden, so wird das fermentierte Kraut in Magen und Darm besser vertragen. Selbst skeptische Mediziner räumen ein, daß das antioxidative und entzündungshemmende Weißkraut bei Geschwüren im Magen-Darm-Trakt helfen kann. Kraut ist ein Element bei der komplementären Krebstherapie. Mit allen Kohlpflanzen läßt sich Gewicht reduzieren. Sie haben wenig Kalorien und machen satt.

Anfang der siebziger Jahre des 20. Jahrhunderts kam die »Magische Kohlsuppe« aus den schlankheitsbewußten USA in europäische Küchen. Als Diät polarisiert diese Suppe (sie sei zu einseitig, zu wenig eiweißhaltig). Aber sie läßt sich leicht variieren.

Wer unter einer Kniearthrose leidet, für den ist Gewichtsreduktion in erster Linie kein kosmetisches Anliegen. Mit der Krautsuppendiät läßt sich das Körpergewicht in sieben Tagen um etwa drei Kilo reduzieren. Ich mache diese Diät in ihrer strengen Form selten. Aber oft ersetze ich die eine oder andere Mahlzeit durch eine Krautsuppe oder einen Krautsalat.

FÜNFTES INTERMEZZO: KOHLSUPPE IN VARIANTEN

Für die klassische Kohlsuppe der siebziger Jahre braucht es:

1 Krautkopf (weiß)
6 große Zwiebeln
2 grüne Paprika
1-2 Dosen Tomaten

Gemüse kleinschneiden, mit Wasser bedecken, 10 Minuten kochen, bei kleiner Hitze weiterkochen, mit Salz und Pfeffer würzen.

Diese Suppe ist die Basis der Ernährung für sieben Tage. Immer, wenn man Hunger hat, kann man von ihr essen, beliebig viel. Bei dem klassischen Diätplan kommt jeden Tag etwas anderes dazu.

Am ersten Tag: Obst (außer Banane)
Am zweiten Tag: kein Obst, aber Gemüse, am Abend eine Folienkartoffel mit etwas Butter
Am dritten Tag: Obst und Gemüse
Am vierten Tag: Banane und Magermilch
Am fünften Tag: Fisch und Tomaten

Am sechsten Tag: Hühnerbrustfilet und Gemüse
Am siebten Tag: Brauner Naturreis, Fruchtsaft, Gemüse.

Ich koche die Suppe nicht 10 Minuten lang, sondern viel kürzer. Eigentlich koche ich sie nur einmal auf und lasse sie dann auf der Herdplatte stehen. Und ich gebe frischen Ingwer und Peperoncini dazu. Statt Dosentomaten nehme ich frische Tomaten. (Wenn ich es eilig habe, auch nur Tomatenmark.) Und rote Zwiebeln oder Schalotten und Knoblauch. Manchmal auch Fenchel oder Stangensellerie oder dünngeschnittene grüne Bohnen. Manche Kohlsuppe besteht vor allem aus Brokkoli, eine andere aus Rosenkohl. Es gibt auch eine blaue Suppe mit Rotkraut, dem fliederfarbenen Federkohl und schwarzen Tomaten. Ab und zu würze ich die Suppe im Teller mit einem Löffel gutem Dijon-Senf. Ich halte mich nicht strikt an den Diätplan, d. h., ich esse nicht die Folienkartoffel mit Butter, weil ich das nicht mag, sondern fange eher einen Tag früher mit Fisch an, oder ich gebe frischen Tofu in die Suppe. Oder Krabben. Meine Suppe schmeckt jeden Tag anders. Einmal ist Petersilie drin oder Koriander oder Kreuzkümmel oder Fenchelsamen oder Curry oder auch Basilikum.

Ich finde den ersten Tag der Kohlsuppendiät ein wenig mühsam, aber dann fühle ich mich schnell leichter und heiter. Vielleicht sind Ingwer und Peperoncini auch kleine Glücksdrogen.

Noch ein Wort zum Krautsaft. Beim Entsaften von Kraut bleibt eine Krautmasse zurück, die ich meist verwerte (oder, wenn es mir zuviel wird mit dem Kraut, auch in den Kompost gebe). Dieser Rest kann der Beginn einer Suppe sein. Aber mit

Ei, etwas Mehl oder Haferflocken, Kürbiskernen, Sesam und Gewürzen läßt sich leicht eine Masse herstellen für gute Gemüseküchlein, die ich in Olivenöl ausbacke. Wenn die Masse flüssiger ist, kann man sie dünn braten wie Kartoffelreibekuchen.

KRAUT UND LIEBEN

Ich möchte eine Geschichte weitererzählen, die so recht in kein Kapitel paßt, aber weil ich sie liebe, erzähle ich sie jetzt. In dem wunderbaren Katalog *Kraut & Rüben*, herausgegeben von Siegfried de Rachewiltz und Andreas Rauchegger, schreibt der Historiker Michael Kasper auf der Grundlage von Archivmaterial und Interviews über die Arbeit der Montafoner Krautschneider. Im 19. und 20. Jahrhundert zogen Montafoner Männer, als Krautschneider gut erkennbar an ihrem dunklen Lodenhut mit der Birkenhahnfeder und dem Krauthobel auf dem Rücken, aus dem Tal hinaus nach Ungarn, Tschechien, Slowenien, in den deutschen Norden, ins Elsaß, um sechs bis zehn Wochen lang in der Fremde Kraut einzuschneiden. Sie produzierten »Zettelkraut«, also Sauerkraut. Die Arbeit war gut bezahlt, aber anstrengend. Oft schnitten und stampften sie noch vor der Morgendämmerung bis weit in die Nacht hinein. »Es war ein kalter, regnerischer Tag voller Nebel im November. Da kam der Krautschneider den Hügel herauf auf unseren Hof zu. Es war ein großer, hagerer Mann, der den Krauthobel auf dem Rücken trug. Wir begrüßten ihn, und er beklagte sich über das Hundewetter. Der Vater gab ihm ein Gläschen Kirschenschnaps, dann ein zweites, ein drittes lehnte er ab. Dann ging er in den Keller und begann, die spitzigen großen Krautköpfe, die schon länger angekommen waren, zu schneiden. Er schnitt sie sauber und sachgerecht mit geschickten Händen in zarte, dünne Streifen. Es kam Lage auf Lage, die mit Salz und Wacholderbeeren bestreut wurden. Es gab dabei einen milden, säuerlichen Geruch und ein

Geräusch, als ob man durch weichen Schnee ginge. Als das Faß voll eingestampft war, kamen zwei gewaschene Flußsteine darauf. Und zu Weihnachten kam dann jedes Jahr das erste Sauerkraut auf den Tisch.«

Unter den Krautschneidern waren manchmal auch Frauen. So ging eine Katharina aus dem Montafon viele Jahre mit ihrem Vater in die Steiermark zum Krautschneiden. Dort sah sie einmal auf einer Weide Kühe, die es sonst in der Steiermark nicht gab, die Katharina aber aus dem Montafon kannte. Sie fragte die dabeistehende Bäuerin, woher denn diese Kühe kämen. »Die Bäuerin schaute sie mitleidig an und sagte: ›Fräulein, das wissen Sie doch nicht, wenn ich es ihnen auch sage. Die kommen von sehr weit her.‹« Als Katharina aber insistierte, sagte die Bäuerin, die Kühe kämen aus dem Montafon. Worauf Katharina lachte: Genau von dort käme sie auch. Aber die Bäuerin glaubte ihr nicht. Da begann Katharina die Kühe zu rufen, wie man es bei ihr zu Hause tat: »›Buschla, Buschla, Bruna …‹. Das verstanden die Kühe gleich, und sie schauten auf, und einige begannen sogar, bei diesen vertrauten Klängen zu muhen. Nun glaubte die Bäuerin erst, daß das Mädchen aus der Heimat der Kühe stamme.«

Nehmen wir einmal an, daß Katharina im Dezember mit dem Vater ins Montafon zurückging und bald in Vorarlberg unter ihren Kühen oder in Tirol oder Südtirol heiratete. Dann wird beim Hochzeitsmahl nach der Suppe und dem Voressen eine große, mit Fleisch und Würsten garnierte Schüssel Sauerkraut auf der Hochzeitstafel gestanden haben. Und danach spielten die Musikanten zum »Krauttanz« eine schnelle Polka (Variationen immer möglich). Und es galt als Schande für ein

Mädchen, dazu nicht aufgefordert zu werden. Dann war sie eine »Krauthüterin«. Tatsächlich gab es bei den Feldern oft »Krauthüter« und »Krauthüterinnen«, die achtgaben, daß niemand die schönsten Köpfe stahl. Nach einer preußischen Sage ist der »Mann im Mond« ein Bauer, der nachts beim Nachbarn Kraut gestohlen hat. Die dunklen Flecken im Mond sind der Bauer und der Krautstrunk.

Das Sauerkraut auf der Hochzeitstafel versprach Fruchtbarkeit, gerne schöne Buben. Und in manchen Regionen wurde mit dem Servieren des Sauerkrauts der Übergang vom Zustand der Braut zur Ehefrau rituell vollzogen. Kam das Kraut auf den Tisch, nahm die Brautmutter der Braut den Brautkranz ab, führte sie fort und brachte sie in der Tracht der verheirateten Frauen zurück. Unterdessen wurde der Brautkranz auf einen Teller gelegt und in seine Mitte ein Glas Wein gestellt, das die Runde machte.

Vielleicht aber ging Katharina im nächsten Herbst zum Krauteinschneiden nicht mit dem Vater in die Steiermark, sondern mit einem Cousin ins Elsaß. Und dort verliebte sie sich, sagen wir: in einen jungen Wirt und Winzer, und Katharina wurde eine berühmte Choucroute-Köchin.

Im Elsaß, diesem zweisprachigen und vielkulturellen Gebiet, konnten sich Kinder gegenseitig fragen, ob sie der Storch gebracht habe oder ob sie doch unter dem Kohlkopf gewachsen seien. Storch oder Kohlkopf gab die Zugehörigkeit zu den deutschen oder zu den französischen Familien an. Aber Katharina kannte die Vorstellung, daß Kinder im Krautfeld wuchsen, aus Südtirol, wo sie mit zwei Cousinen auch schon einmal Kraut eingeschnitten hatte. Die Herkunft der Kinder aus dem Kraut findet man in italienischen wie in französischen Regionen. Und im rätoromanischsprachigen Engadin, wo man sagte: »l'ais gnieu our suot ün gibus« – das Kind ist unter einem Kohl herausgekommen.

»Planter le chou«, den Kohl pflanzen, ist eine französische Metapher für Geschlechtsverkehr; »ils ont mangé le chou au pot«, sie haben das Kraut aus dem Topf gegessen, spielt auf ein intimes voreheliches Zusammensein an. Aber zugleich ist die Frage nach dem Kohlpflanzen ein bekannter Kindervers, der als Lied gesungen und in vielen Bilderbüchern illustriert wird, »Savez-vous planter les choux«: Wißt ihr, wie man Kohl pflanzt? An ihm lernen die Kleinen Körperteile zu bezeichnen. Und man pflanzt den Kohl dann mit der Hand oder den Fingern, aber auch mit dem Fuß oder mit dem Bauch und selbst mit der Nase.

In Frankreich entwickelten sich detaillierte Vorstellungen von einer nicht geschlechtlichen Kohlzeugung. Sie mischen Kühnheit mit Biedersinn. Postkarten um 1900 zeigen weite Krautfelder, in denen blütenhaft pausbäckige, nackte Babys wachsen. Manchmal sitzt im Vordergrund eine Frau, deren gebauschter Rock in die Fülle der Krautblätter übergeht, aus denen sie strahlend ein nacktes Büblein zieht. Dann wieder begießt eine auffallend androgyne Frau mit einer Kanne (phallisch?) das fruchtbare Feld. Frauen, die Kraut ernteten, hießen in Frankreich auch Hebammen. Und nun sind wir bei der Krautfee, einer seltsamen und vielleicht heimlich sapphischen Erscheinung.

La Fée aux Choux ist mit immerhin einer Minute Länge vermutlich der erste fiktionale Kurzfilm der Filmgeschichte. Es ist umstritten, ob dieser Stummfilm im Dezember 1895 oder im April 1896 entstanden ist. Gedreht hat ihn die weltweit erste

Kohlkinder

Filmemacherin Alice Guy-Blaché, deren Pionierleistung lange unter dem Namen männlicher Kollegen unterging oder verschwiegen wurde. *La Fée aux Choux* zeigt eine nicht magere Frau, gehüllt in ein faltenreich drapiertes, bodenlanges Kleid, umgeben von riesigen Krautköpfen, die sich mit ihren Blättern um sie bauschen. Zum Teil reichen ihr die ausladenden gekräuselten Blätter bis zur Hüfte. Ihr Dekolleté ist mit Blumen geschmückt, aber ab der Taille ist ihre Gestalt kohlhaft.

In der ersten Sekunde des Films läßt die Krautfee initial ihren Zauberstab fallen und beginnt, sich tanzend in ihrem Krautgarten zu bewegen. Mit aufreizenden Blicken und Gesten deutet sie an, daß sie gleich etwas Erstaunliches zeigen wird. Und tatsächlich pflückt sie (in Stop-Motion) dann aus den Krautköpfen zappelnde Babys, die sie triumphierend hochhebt, um sie sogleich uninteressiert auf den Boden zu legen, wo die nackten Wesen (nur kurz im Bild) wie Käfer auf dem Rücken die Gliedmaßen rühren. Es geht nicht um die Kinder, es geht um den unerhörten Akt des Entdeckens und Pflückens.

Die gebauschten Kohlblätter korrespondieren mit dem gerafften Stoff um die Hüfte der Frau. Beide spielen in ihren jeweiligen Faltungen damit, zu verbergen wie zu offenbaren, was in ihrem Zentrum stünde: die Vulva. Lustbereit und zur Lust fähig, wie das triumphale Lächeln der Krautfee suggeriert, die keines (männlichen) Zeugers bedarf.

In *Do You Believe in Fairies? Cabbage, Victorian Memes and the Birth of Cinema: Seeing Sapphic Sexuality in the Silent Era* weist die experimentelle Filmemacherin und Medienwissenschaftlerin Kiki Loveday auf einen zweiten Film von Alice Guy hin. Er heißt *Sage-femme de première classe*, Hebamme der ersten Klasse. Er entstand 1902 und dauert etwas länger als vier Minuten. Ein Liebespaar, Frau und Mann (beide gespielt von einer Frau), stehen vor einem kleinen Kiosk, in dem eine Frau Puppen anbietet. Die Verkäuferin (sie staubt mit einem Wedel die Puppen ab) und die am Kauf interessierte Frau sind identisch gekleidet. Das Liebespaar zögert vor den präsentierten Puppen und kann sich nicht entscheiden. Schließlich führt die Verkäuferin ihre potentiellen Kunden (eigentlich Kundinnen), durch eine Tür in einen geheimen Krautgarten. Hier erweist sie sich als »Hebamme«, indem sie, wie die Krautfee, aus den Krautköpfen Babys zieht. Immerhin breitet diese »Hebamme« weiße Tücher aus, bevor sie die Kinder auf den Boden legt. Schließlich entscheidet sich das Paar für eines dieser Kinder. Die als Mann gekleidete Frau bezahlt die Hebamme, und die beiden

Woman leaning in a dress made up of cabbage

verlassen den Garten. Kiki Loveday spricht vom »lesbian chic of the Belle Epoque«, der das kulturelle Empfinden, ohne daß dies eigens thematisiert worden wäre, geprägt habe. Der Film bedient diesen »lesbian chic« und macht sich gleichzeitig in einem voyeuristischen Flimmern über ihn lustig. Alice Guy gilt als »Mutter« des Stummfilm-Spielfilms. Mit den Babys aus dem Krautkopf »gebar« sie ein neues Medium.

Und so liegt »L'Origine du monde« zwar zwischen zwei weiblichen Schenkeln, aber überraschend vielfältig auch in den Reihen eines Krautgartens.

Der Lyriker Frank Schablewski machte mich darauf aufmerksam, daß im Hebräischen das Wort für »Kohl« (keruv) identisch ist mit dem Wort »Cherub«. Auf mein Nachfragen, ob das zufällig sei, schrieb Frank, daß er gerade an Parascha-Lesungen,

Wochenlesungen aus der Tora, teilnehme, wo diese Frage ausführlich diskutiert werde:

»Die liberale Rabbinerin lehnte den Zusammenhang ab und verwies auf die Zufälligkeit. Andere widersprachen. Ich finde im Hebräischen nichts zufällig, wenn sich derartige Bilder ergeben. So schützen die Cherubim das Allerheiligste wie der Kohl sein Innerstes.«

Ich dachte an den großen, ein wenig erschreckenden Cherub, den ich in Istanbul in der Hagia Sophia gesehen hatte. Mit seinen vier Flügeln erinnerte er auch an eine Schmetterlingsraupe in der Verpuppung. Und wenn man einmal auf die Idee der Überblendung von Flügeln und Kohlblättern gekommen ist, kann man sich ihrer Evidenz kaum entziehen.

Frank schrieb weiter:

»Zur Beglaubigung, Legitimierung fiel mir noch etwas aus Kafkas Tagebuch ein: ›Vor dem Betreten des Allerheiligsten mußt du die Schuhe ausziehen, aber nicht nur die Schuhe, sondern alles, Reisekleid und Gepäck, und darunter die Nacktheit, und alles, was unter der Nacktheit ist.‹ Da spiegelt sich für mich diese Kohl-Cherub-Verbindung wider, das Entblättern. Wenn ich Kohl (am liebsten Wirsing oder Rosenkohl) zubereite, ist es für mich immer eine Frage, ob ich ihn mit einem Messer zerschneide oder ob ich Blatt für Blatt nehme und das Gefühl habe, ein Labyrinth zu entzaubern.«

Bei Kohl und Cherub, Blatt und Flügel, kommen Schmetterlinge angeflogen. Da sind sie schon, der Kleine und der Große Kohlweißling. Und das Drama der begabten Kohlpflanze.

IM KRAUT ZUHAUS

Ein Krautfeld ist der Schutzraum für viele Tiere. Mäuse und Maulwürfe, Igel, Füchse, Marder, Wiesel, Eidechsen, Hasen, Rehe und auch Vögel finden in den Reihen unter den großen Blättern der oft viele Kilo schweren Köpfe Nahrung und Unterschlupf. Und schon ein einzelner Kohlkopf ist das glückliche Refugium für Käfer, Läuse, Schmetterlinge, Fliegen, Fransenflügler, Motten und Schnecken.

Jedes Jahr kämpfe ich mit mir. In unserem Bergdorf gedeiht Kohl sehr gut. Ich habe Weißkraut, Wirsing, Brokkoli, Spitzkraut und seit neuestem ein fliederfarbenes, robustes Federkraut, von dem ich noch im Schnee ernte. Im Prinzip. Wären da nicht die glänzenden roten oder dunklen Nacktschnekken. Und ebendiese flatterschönen Kohlweißlinge, die ihre Eier in die Kohlblätter legen! Ich mag sie gern, aber ich möchte auch mein Kraut essen. Die Bänderschnecklein mit ihren feingezeichneten Häuschen und ab und an eine der souveränen Weinbergschnecken sind nicht das Problem. Die Bänderschnecklein fressen nicht so viel, und die Weinbergschnecken begnügen sich gerne mit abgeschnittenem Blattgrün. Für sie muß es kein frisches Kohlblatt vom Kopf sein. Die Nacktschnecken pflücke ich ab. Wenn ich ehrlich bin, habe ich sie lange in einem Eimerchen gesammelt und dann in den Löwenzahn bei einem Parkplatz oder in das kleine Niemandsland eines grünen Randstreifens an der Straße ausgesetzt. Aber mittlerweile habe ich gelernt, daß das gefährlich ist. Jedenfalls wenn es sich um die Spanische Wegschnecke handelt, die sich stark vermehrt. Also greife ich zur Schere. Und fühle mich schlecht.

Die Kohljahre sind verschieden. Manchmal reicht es, Sägemehl oder Asche um die Krautpflanzen zu legen oder altes Tannenreisig oder getrocknete dornige Zweige von den Hagebuttensträuchern. Manchmal reicht das nicht. Ich plane jetzt Konstruktionen mit Schneckenzäunen aus Draht. Und ich will es mit dem schwarzen Toskanischen Kohl versuchen, der fast einen Meter erreicht. Und mit der Lippischen Palme, die viel höher werden kann als ich. Es würde mir gefallen, so einen hohen Kohl im Garten zu haben. Eine Palme im Engadin! Und vielleicht könnte ich das eine oder andere Tierlein zu ihm ablenken? Ist Kohlfraß gleich Kohlfraß? Wer wohnt da alles in meinem Kohl und wer nährt sich von ihm?

Ich lese und forsche. Die zwei schönen weißen Schmetterlinge, der Kleine und der Große Kohlweißling mit ihren schwarzen Flügelspitzen und schwarzen Punkten, gute Boten aus meiner Kindheit, sind die Hauptschädlinge des Weißkrauts. Genaugenommen nicht sie selbst, sondern ihre Larven, die Raupen. Ich memoriere den Kreislauf der Metamorphose: Ei, Larve (Raupe), Puppe, Imago (also ausgewachsener Schmetterling). Aber da gibt es die Kohlweißling-Schlupfwespe, auch Kohlweißling-Brackwespe genannt oder mit Carl von Linné *Cotesia glomerata*. Das klingt schon fast nach Adel und Glamour. Im Unterschied zu Tierlein, die räuberisch leben wie etwa der Marienkäfer, der Laufkäfer, die Spinne (meine Mutter, die sehr reinlich war, unterhielt immer ein Haustierverhältnis mit der einen oder anderen Spinne in einer Deckenecke, damit sie Fliegen oder Schnaken fange; auch Marienkäfer hegte sie auf den Pflanzen der Fensterbank), gehört die Schlupfwespe zu den parasitisch lebenden Insekten. Die Larve, also die Raupe des Schmetterlings, ist ihr Wirt. Angelockt durch den Senfölduft des Kohls fliegt eine schwarzfunkelnde *Cotesia glomerata* mit ihren überlangen Fühlern und langen Beinen einen Krautkopf an, sucht sich, meist an der Blattunterseite, manchmal auch an der Oberseite, eine der vielen beieinanderliegenden Raupen aus. Und sticht mit dem Legebohrer ihre Eier in sie hinein, 20 bis 30 Stück. Sie bevorzugt junge Raupen, am liebsten im ersten Larvenstadium. Mit den Eiern aber infiziert sie die Schmetterlingsraupe auch mit einem Virus. Dieses Virus verändert die DNA der Raupe in der Weise, daß die Raupe sich nicht gegen die fremden Eier wehrt. Sie empfindet sie irgendwie als eigene. Aus den Eiern der Schlupfwespe entwickeln sich im Wirtskörper der Kohlweißlingsraupe kleine Schlupfwespenlarven. Es geht ihnen gut. Sie ernähren sich von der zirkulierenden Körperflüssigkeit der Raupe, ohne deren Organe anzugreifen. So bleiben sie im Raupenkörper, bis diese kurz vor der Verpuppung steht. Dann treten sie synchron aus deren Haut heraus in die grüne, kühne Freiheit des Kohlblattes. Ihre eigene Haut, die sie bei diesem Vorgang ablegen, verschließt die Austrittswunde am Raupenkörper. Die Larven der Schlupfwespe bleiben nun neben der Wirtsraupe liegen und beginnen, sich zu verpuppen. Die Wirtsraupe – vom Virus gehemmt – kann selbst keine weitere Entwicklung zur Puppe und zum Schmetterling mehr leisten. Aber mit heftigen Bewegungen verteidigt sie die kleinen fremden Larven an ihrer Seite (die ihr nicht fremd, die ja in ihr großgeworden sind!) gegen Freßfeinde. Manchmal spinnt sie noch einen schützenden Kokon um die Wespenlarven. Es entstehen also keine neuen Kohlweißlinge mehr, die dann Eier legen, aus denen Raupen kriechen und in ihrem großen Hunger vor der Verpuppung dem guten Kohl zusetzen. Vielmehr entstehen jetzt neue Schlupfwespen, deren Larven sich in den Raupen des Kohlweißlings ernähren und diese damit an ihrer weiteren Metamorphose hindern.

Es gibt Untersuchungen, nach denen ein Kohlkopf ein gewisses Maß an Raupen des Kohlweißlings, die ihn anfressen, akzeptiert. Ab einer bestimmten Menge aber kann er seinen Duft intensivieren und damit weitere Schlupfwespen anlocken. Das klappt offensichtlich nicht immer.

Im nächsten Sommer werden zwischen meinen Kohlköpfen blaue Kornblumen blühen, rosaschöne Futterwicken und weißer Buchweizen. Diese Pflanzen, sagen Biologen, laden vermehrt Kohlweißling-Schlupfwespen ein. Und *Cotesia glomerata* legt ihre Larven nicht nur in die Raupen des Kohlweißlings, sondern gerne auch in die der Kohlmotte. Plinius riet übrigens, roten Mohn zwischen den Kohl zu pflanzen. Gut, also auch roter Mohn!

Unser Dorf liegt auf einer Sonnenterrasse. Trotz der Höhe meine ich hier Zauneidechsen gesehen zu haben. Joachim Sartorius' schönem Buch *Eidechsen* verdanke ich den Hinweis darauf, daß Zauneidechsen sehr gerne Kohlweißlinge fressen. Sartorius zitiert Brehm, der berichtet, daß sie »in einem Terrarium ›wie Hunde sprangen‹, als ihnen diese Schmetterlinge durch die Drahtmaschen geschoben wurden«. Es käme demnach darauf an, vermehrt Zauneidechsen in den Krautgarten zu locken.

Weil sie so schöne Namen haben und fragil und besonders

sind mit ihren Fühlern und Flügeln und zarten Beinchen und skurrilen Rüsseln und großen Augen und glänzenden Schilden, seien neben den Kohlweißlingen noch andere kohlliebende Insekten aufgerufen. Vielleicht wirkt das ja als Gegenzauber. Der Schweizer Insektenforscher Erich Städler hat sie sorgfältig versammelt in einem alten DU-Heft vom November 1998: *Der Kohl. Das Kraut. Ein Manifest.*

Da gibt es also den mit dem menschlichen Auge kaum wahrnehmbaren Zwiebelthrips (saugt die Zellen der Blattoberfläche aus, die Kohlblätter bekommen Pusteln), die Mehlige Kohlblattlaus und die Kohlmottenschildlaus (saugen Saft, deformieren die Blätter). Unter den Käfern krabbeln da verschiedene Arten des Kohltriebrüsslers (bohrt mit langem Rüssel ein Loch in den Stengel, legt Eier hinein, seine Larven graben sich in Stiel und Strunk; man nennt dieses Tun: minieren). Und verschiedene Erdflöhe aller Art (fressen Löcher in die Blätter, Larven gehen an die Wurzeln) und den Rapsglanzkäfer (frißt am liebsten Blüten, aber sonst auch alles am Kohlgemüse). Unter den Schmetterlingen freuen sich am Kohl neben den Kohlweißlingen die Kohlschabe (Larve knabbert gerne in den Blumenkohl- und Brokkoliköpfen, aber auch im Chinakohl und im Weißkraut), die Kohleule (legt Eier in Setzlinge, Raupe frißt dann alles). Unter den Fliegen fliegen die Kohldrehherzgallmücke (legt Eier in frische Blätter im Herzen der Pflanzen), die Kohlfliege (legt Eier auf den Boden neben den Kohlgewächsen, gerne auch in die Röschen des Rosenkohls, die Maden kauen sich dann minierend durch die Wurzeln), die langbeinige Kohlschnake (ihre Maden lieben Setzlinge). Und dann gibt es noch die Kohlrübenblattwespe (legt Eier in Blätter, Raupen fressen die Blätter ab, radikal, bis auf die Blattrippen).

Was im DU-Heft von 1998 noch nicht erwähnt wurde, ist der aus Asien kommende Japankäfer. 1916 wurde er erstmals in New Jersey gesichtet, 1970 auf den Azoren, 2014 dann in Norditalien und von dort wanderte er ins Tessin. Er sieht aus wie ein Bruder des Junikäfers, nur hat er an den Seiten des Hinterleibs kleine weiße Haarbüschel. Er und seine Raupe fressen nicht nur Kohl, sondern gerne auch etwa 300 andere Pflanzen, darunter Mais oder Reben oder Rosen. Wenn man ihn in der Schweiz sieht, muß man ihn fangen und melden. Ich hatte schon so kleine Käfer im Garten, habe aber nicht auf ihr Hinterteil geachtet. Wobei ich nicht glaube, daß der Japankäfer es schon bis zu uns in die Berge geschafft hat. Es werden Junikäfer gewesen sein, die ich gesehen habe. Da der Japankäfer in Europa offensichtlich nicht genug Freßfeinde (Vögel, Maulwürfe, Spitzmäuse, Rollwespen, Laufkäfer) hat, arbeiten Forschungsgemeinschaften intensiv an Versuchen, ihn, wie den Maikäfer oder den Junikäfer auch, mit eigens gezüchteten Pilzkulturen in Schach zu halten.

Erstaunlich bleibt, wie die Kohlpflanzen bei so vielen ruinösen Liebhaberinnen doch durchs Leben kommen.

Im *Handwörterbuch des deutschen Aberglaubens* finden sich viele Hinweise dazu, wie der Mensch zum guten Gedeihen seines Kohls beitragen kann. So solle man Kraut bei Glockengeläute säen, damit die Köpfe dick und robust werden wie Glokken. Auch das Säen bei zunehmendem Mond sei günstig. Hingegen solle man ihn nicht im Sternzeichen gefräßiger Tiere säen. Wenn man vor dem Aussäen die Kohlsamen in Weihwasser lege oder sie mit Asche vom Aschermittwoch vermische, dann bleibe der Kohl von den lackschwarzen Erdflöhen verschont. Hilfreich sei es, am Johannistag zwischen 11 und 12 Uhr um den Acker herumzugehen, an jeder Ecke stehenzubleiben, den Namen des Heiligen zu sagen und: »Maul zu!« Dann fressen die Vögel die junge Saat nicht. Am besten sollten Schwangere die Kohlpflanzen setzen. Zieht man die Pflanze vor dem Setzen einmal durch den Mund, läßt der Hase sie in Ruhe. Man könne allerdings auch einige Setzlinge eigens für den Hasen pflanzen. Dann begnüge er sich damit. Oder man spucke auf das Feld oder hänge Würste, die im Rauch gehangen sind, an Stecken auf. Wenn man ein neugekauftes Messer neben die Setzlinge lege, werden die Wurzeln nicht angebissen.

Auch gilt es einiges zu beachten, damit man nicht etwa Kraut sät und dann Rüben bekommt. Also nicht abends säen, wenn der Hirte die Schweine eintreibt! Das gibt leicht weiße Rüben! Und die Samenpflanzen nicht am falschen Tag schneiden. Am sichersten sei es am Sonntag.

Immer sind die Raupen ein Problem. Also umschreite man das Krautfeld vor Sonnenaufgang und besprenge es mit Weihwasser. Man könne die Raupen auch direkt ansprechen, um sie zu verjagen:

Räuplein, ich gebiete euch in dieser Stund'
Ihr sollt gehen alle zu Grund
Und nicht mehr fressen mit eurem Mund.
Hurtum, Hurtum, Hurtum.

Oder man läuft mit drei Ruten, die um Mitternacht nackt gebrochen wurden, dreimal durch das Krautfeld und ruft: »Juchhe! Rippen! Rappen! sollt mit mir auf die Kirchweih tappen.« Das funktioniert am besten, wenn im Nachbarort tatsächlich etwas los ist. Dann geht man auf den Krautacker und ruft: »Dort ist Kirmes.« Oder eine nackte »Weibsperson« läuft dreimal um den Acker, dann ziehen die Raupen von der Ecke, an welcher das Laufen begonnen hat, von dem Acker aus auf den Markt. Dieser Brauch soll auch in Finnland bekannt sein. Wird ein Krautkopf mit Birkenruten geschlagen, sterben die Raupen, ob sie getroffen wurden oder nicht. Auch eine Totenrute, also ein biegsamer Zweig, der in der Hand eines Toten gelegen hat, sei hilfreich oder das Streichen des Krauts mit dem Besen, mit dem man am Karfreitag die Stube gekehrt hat. Plinius schreibt, daß die Raupen vom Kohl verschwinden, wenn eine schwangere Frau ihn abfegt.

Wenn man den blau blühenden Flachs zwischen den Grünkohl sät und ein Vorbeikommender sieht das und sagt: »Wie schön steht doch der Flachs«, dann sagen die Kohlpflanzen zueinander: »Ach, wir armen Kohlpflanzen«, und beginnen stärker zu wachsen. Ja, aber vielleicht ist da auch die Kohlweißlings-Schlupfwespe mit im Spiel, die durch den blühenden Flachs angelockt wurde. Und was ist zum »Erschrecken« des Krauts zu sagen, das das Wachstum fördern soll? Eine nur mit einem Hemd bekleidete Frau geht mit einer Rute ins Krautfeld und schlägt auf die Köpfe. Das erschreckt sie, und sie wachsen schön und rund. Hier könnten alte Fruchtbarkeitsvorstellungen (nackt, Rute) mitspielen. Was wohl die Krautfee mit ihrem Zauberstab und die Krauhebamme mit ihrem Staubwedel dazu sagen?

Manche Hinweise erscheinen uns heute mehr als absurd. Steckt nichts dahinter, nur weil wir es nicht verstehen? Viele der Rituale sind Aufmerksamkeitsübungen. Sie erfordern wache Anwesenheit auf dem Kohlfeld, im Krautgarten. Wer mit Raupen spricht, der sammelt sie auch ein. Und was ist mit der Frau, die nackt einen Krautacker abschreitet? Mag sein, es geht um Männerphantasien, mag sein, um weibliche Macht. Oder um den – nicht einmal reflektierten – Wunsch, an Demeters Domänen anzuknüpfen.

Das Weißkraut

Es ist das uns bekannteste Kraut, welternährend. Und doch kennen wir es kaum. Im Handel erscheint es nackt. Als kompakte Kugel oder, je nach Sorte, leicht abgeflacht liegt es weißlichgrün in den Regalen. Fast scheint es hier ein anderes Gemüse zu sein. Seine üppig ausladenden Blätter fehlen, ihr Spiel, glänzend, sich beschattend, in blau-grünem Silber. Ein freier Krautkopf in einem Garten, auf einem Feld ist eine Erscheinung. Ein Haupt. Gern ist er, Kopf an Kopf, gesellig in blumenhaften Reihen, bauscht sich auf. Zeigt immer wieder grandiose Gesten, vielfältige Kragen um seine runde Fülle. Er ist auch Ballkleid, geraffter Taft. Von ihm ging die Idee der Krautfee aus. Er ist männlich und weiblich zugleich.

Das Spitzkraut

Wie das Weißkraut ist es ein Kopfkraut, doch verjüngt es sich nach oben. Sein fester Körper erinnert an einen Kegel. Auf dem Feld steht es in einem weiten Blättergewoge. Ein grün eingefrorener Moment des Steigens und Fallens. Seine Blätter haben weniger Rippen als die Blätter des robusteren Weißkohls. Und sie sind feiner. Es ist das früheste Kraut im Jahr, aber es kann bis in den Herbst hinein geerntet werden. Spitzkraut gehört zu den seltenen Krautarten. Sein Anbau ist rückläufig; es entzieht sich der maschinellen Ernte und Verarbeitung. Es gibt kein besseres Sauerkraut als das aus seinen Blättern. Prominent wächst es in Süddeutschland auf den fruchtbaren Lößböden der Fildern. Manche sagen, es habe sich alleine zu seiner besonderen Form entwickelt. Andere meinen, die Mönche aus dem Kloster Denkendorf hätten es im Mittelalter gezüchtet. Der Klosterschüler Friedrich Hölderlin hat von ihm gegessen. Es gibt auch ein rotes Spitzkraut, das ist in Nordböhmen zu Hause. Es ist süßer als seine weiße Schwester.

Das Rotkraut

Es ist auch ein Blaukraut und spielt zungenbrecherisch mit dem Brautkleid. Ein blaues Krautfeld morgens im Frühnebel mit seinem metallischen Glanz öffnet ein geheimnisvolles Land. Schwer zu sagen, was es von der Krautfee weiß und welche Wesen es birgt. Die äußeren Blätter eines Kopfes öffnen sich barock wie aus feinem Brokat, lila-silbern gewirkt. Ist die Erde, auf der es wächst, alkalisch, neigen die Blätter zu blauen Tönen, ist der Boden eher sauer, zu den roten. Der entzündungshemmende, gefäßschützende Anthocyangehalt seiner Blätter steht dem von Rotwein nicht nach.

Es ist ein Wintergemüse, und bei seinem Namen steigen Gewürze auf: Nelke, Muskat, Lorbeer, Zimt. Und glacierte Maronen und Hirschragout. Eine Birne liegt bei ihm mit einem Löffelchen Preiselbeeren gefüllt. Manchmal wird es mit Zwetschen gesüßt oder mit dem Saft von Granatäpfeln verfeinert. Es ist das wärmste, das versöhnlichste Wesen unter den Krautköpfen. Doch roh, in feine Streifen geschnitten setzt es einen Akut auf jeden Salat. Und in blauen Speisen ist es für alles zu haben.

Der Wirsing

Wulstiges Wachsen? Er zeigt amorphe Erhebungen auf seinen Blattoberseiten. Blasig. Noppiges Zellgewebe, Parenchyme, algenartig. Samtig wie Meerwasseranemonen. Oder: grünes Dschungelgewölbe an den Flußarmen der Blattrippen. Amazonasgrün aus der Vogelperspektive. Auf der Blattunterseite kippt das Bild: kahle Bäume, die ihre Zweige ausstrecken, oder Netze, gespannt durch hellgrüne Wüsten. Oder Blitze in jadefarbenen Himmeln. Blattkontinente, einrollbar wie Landkarten. Er wächst schneller als seine Kohlkopf-Verwandten und er wächst anders. Seine Blätter sind kraus und gewellt, auch die Blattränder sind gewellt. Die Blätter liegen in lockerer Schichtung übereinander. Sein Kopf ist nicht sehr fest. Im 16. Jahrhundert wurde er in Norditalien gezüchtet; er heißt auch Savoyer Kohl, nach dem Haus Savoyen, das damals herrschte. Zweihundert Jahre später konnte man ihn in Deutschland essen. Heute ist er auf der ganzen Welt verbreitet. Es gibt ihn in frühen und späten Sorten. Die späten sind dunkler, sie tragen eine Wachsschicht, die sich mit den Fingerspitzen abwischen läßt. Seine Blätter sind geschmeidig. Wie kein anderes Kopfkraut lädt er kosmopolitisch zur Kohlroulade ein.

Der Blumenkohl

Er ist ein Blütengemüse. In Österreich heißt er Karfiol und bewahrt das italienische »cavolfiore«. Ursprünglich ist er in Kleinasien beheimatet; Kreuzritter brachten seinen Samen nach Europa, zunächst nach Italien, bald nach Frankreich. Weiß wie ein einziger, schwerer Blütenkopf liegt er mit seinen vielen, eng beieinander wachsenden Knospen gebettet im Grün seiner Kohlblätter. Ist er weiß oder ist er elfenbeinfarben? Kostbar ist er und unerwartet. Es gibt ihn auch in violettem Rosa oder hellem Grün. So blumenschön möchte man ihn kaum essen. Er ist süßer und leichter verdaulich als Weißkraut, Wirsing oder Rotkohl. Er ist der Milde. Wenn man ihn halbiert, sieht er aus wie ein starker Baum mit buschigem Gezweig. Man ißt ihn mit weißer Sauce oder bestreut ihn mit in Butter gerösteten Semmelbröseln. Das tut man vor allem dort, wo er Karfiol heißt.

Der Romanesco

Er ist sich in sich selbst ähnlich. Jede kleine Blütenknospe ähnelt jeder Verdichtung mehrerer Blütenknospen. Türmchen an Türmchen an Türmchen, die wiederum Miniaturen des ganzen Kohlkopfes sind. Er ist ein überirdisches, in sich drehendes Kunstwerk. Chartreusefarben. In der Pflanzenwelt ist er ein Fraktal. Und der Mathematiker unter den Kohlgewächsen. Wenn man von oben auf seine höchste Spitze schaut, zeigen sich mehrere Spiralen von Blütentürmchen. Spiralen, die nach links drehen, und Spiralen, die nach rechts drehen. Je nachdem, wie sich der Blick konzentriert. So oder so, die Anzahl seiner Spiralen ist, unerklärlich, immer eine Zahl der Fibonacci-Reihe. Unter den Kohlpflanzen ist er das duftendste Gemüse. Er ist römisch, im 16. Jahrhundert aus dem Blumenkohl gezüchtet. Seine Textur ist fester als die des Blumenkohls.

Er heißt auch Minarettkohl; seine einzelnen Erhebungen wie seine ganze Form erinnern an spiralförmig sich nach oben verjüngende Minarette, erinnern an Samarra, wo das einst größte Minarett der islamischen Welt stand. Wenn man ihn lange genug anschaut, kann einem schwindelig werden. Oder man wird mit einem Erschrecken vor dieser Schönheit ungläubig, wider Willen, gläubig.

Der Brokkoli

Auch er kommt aus Italien. Er ist eine vielgestaltige Etüde in Grün. Von ihm kann man alles essen. Die zarten, noch geschlossenen blaugrünen Blütenknospen-Köpfchen, die metallischgrünen Blätter, die helleren wachsgrünen Stengel. In England nennt man ihn auch »Italienischen Spargel«. Er ist ein mildes, ein freundliches Gemüse. Ein sich verzweigendes, dunkelgrünes, buschiges Bäumchen, an dessen Stengelachsen sich Knospenansätze bilden und wachsen. Mit einem Küchenmesser nimmt man von ihm da und dort, nach und nach. Und er wächst weiter, pflückbereit bis in den Schnee.

Der Rosenkohl

Kaum einer von denen, die ihn selbstverständlich essen, weiß, wie er wächst. Er ist ein Bäumchen, einen halben bis gegen einen Meter hoch. An seinem Stamm steigen spiralförmig kleine Knospen, die Blattröschen, hinauf bis zu seiner Krone, die palmenhaft ihre runden oder elliptischen Blätter zeigt. Ein Rosenkohlfeld im Herbst mit seinen schon nackten oder halbnackten Stengeln sieht aus wie ein kleiner Wald. Was man ißt, sind die Blattknospen der Kohlpflanze. Von unten nach oben bricht man sie vorsichtig vom Stamm ab. Wenn er stehenbleibt, treibt er im Frühjahr neu aus und trägt im Sommer gelbe Blütensterne.

Er wurde um die Zeit Karls V. in den Spanischen Niederlanden gezüchtet. Heute heißt diese Region Belgien. Deshalb nennt man ihn auch Brüssler Sprossen. Manche sagen Brabanter Kohl zu ihm oder Rosenwirsing. Es gibt Sorten, deren Blätter ins Rotviolette neigen. Er ist süß und verbindet sich gerne mit Butter und Muskat. Er soll die Nerven stärken.

Der Grünkohl

Er ist die Straußenfeder unter den Kohlpflanzen. Zirkusreif. Ein Tusch! Er heißt auch Krauskohl mit seinen gefiederten Blättern. In der Schweiz nennt man ihn Federkohl. Er ist kein Kopfkohl. Seine Blätter bauschen sich auf wie ein Ereignis. Gischten in Grün. Aber er kann auch anders! Manche Sorten haben die Farbe von dunklem Flieder. Steigen auf zu violett-bräunlichen Bäumchen oder wachsen meterhoch hinaus zur Lippischen Palme, zum Baumkohl. Dann heißt er auch auch Ziegenkohl. Zu Zeiten, da Mensch und Tier noch eng zusammenlebten, teilten sie sich diese Pflanze. Die Ziege bekam die unteren Blätter, der Mensch die höheren, zarteren Blattrosetten. Und die Wurzeln dienten noch als Brennmaterial. Wurden die Strünke aber stehengelassen, trieben sie im Frühjahr zu wohlschmeckenden Sprossen aus. In alten Lexika ist noch vom »Sprottenkohl« oder »Sprutenkohl« zu lesen. Er war ein ewiger Kohl, das ganze Jahr erntebereit, alle nährend. Je aufmerksamer man ihn von unten entblätterte, um so höher wuchs er. Auf der frostfreien Kanalinsel Jersey wurde er so bis zu drei Metern hoch gezüchtet. Seine Blätter dienten vor allem als Tiernahrung. Aus seinen Stengeln aber stellte man professionell Spazierstöcke her. Auch für den Export. Sie waren besonders leicht und deshalb sehr beliebt. Heute sind die Lippische Palme oder der Jerseykohl fast vergessen.

Kalettes

Sie sind die jüngste Kohlzüchtung, eine Kreuzung aus Rosenkohl und violettem Federkohl. Sie kommen aus Großbritannien und heißen auch Flower Sprouts, Blumensprossen. Sie wachsen an einem Stengel wie die Röschen des Rosenkohls, nur sind sie nicht rund, sondern sehen aus wie ganz kleine Grünkohlexplosionen. Das gibt dem Stengel etwas Stacheliges. Aus dem Weiß-Violett ihrer breiten Rippen steigt das Grün der oberen Blättlein hervor. Wo sich die Rippen verzweigen, zeigen sich

Blätterkohle und Rosenkohl

1. *Hoher grüner feingekrauster Winter-*
2. *Hoher brauner feingekrauster Winter-*
3. *Niedriger grüner feingekrauster Winter-*
4. *Niedriger brauner feingekrauster Winter-*
5. *Schnitt-, zarter gelber Butter-*
6. *Brüsseler oder Rosen-, hoher*

rosa Bäumlein auf dem Blatt. Ihr Geschmack ist mild und nussig. Sie liebäugeln mit der Süße von Früchten. Man bereitet Smoothies aus ihnen, etwa mit Banane, Heidelbeere, Kokoswasser, Zitrone, Minze.

Der Palmkohl

Er heißt auch Italienischer oder Toskanischer Kohl oder Negro Romano oder Cavolo Nero. Er ist fast schwarz und schön. Früher sah man ihn oft in deutschen Gemüsegärten. Im 19. Jahrhundert kam er aus der Mode. Doch heute erfährt er, wie andere Kohlpflanzen, eine Renaissance. In Kübeln im Garten wächst er als dekorative, meterhohe Palme, in Reihen gezogen ist er ein dunkler Wink der Südsee. Doch er verträgt etwas Kälte. Seine blasige Blattstruktur ähnelt der des Wirsings. Sein Geschmack ist milder als der des Grünkohls. In der Toskana wird er seit Jahrhunderten angebaut. Man findet ihn in der »Ribollita« (der »Wiedergekochten«), einem Gemüseeintopf, der ursprünglich ein Resteessen war und heute in die höhere Küche eingegangen ist.

Der Chinakohl

Wäre dieser Kohl ein Fohlen, würde man von seiner Blesse sprechen. Eine Blesse, die sich zunächst als breites Band vom Strunk hinauf über seinen länglichen Kopf zieht, dann verjüngt und in die Ästelungen eines weißen Bäumchens verzweigt. Auf dem

Grund von zarthellem Grün. Da, wo er grün ist, wirkt seine Blattstruktur wie Plissee. Er wurde als »Weißer Kohl« im 5. Jahrhundert in China entwickelt, aus der Kreuzung von Speiserübe und Senfkohl. In Europa ist er seit dem 20. Jahrhundert bekannt. Er ist diskret im Geschmack, mehr Blattsalat als Kraut. Der Grünkohl wäre sein Antipode. Aber anders als den Blattsalat kann man ihn dämpfen, braten, überbacken. Er ist viel robuster, als er auf den ersten Blick erscheint. Man fermentiert ihn zu Kimchi, der asiatischen Urform des Sauerkrauts.

Pak Choi

Er sieht aus, als könne man ihn werfen wie einen Indiaca-Schlagball. Er flöge weit mit den grünen Federn seiner Rosettenblätter und träfe auf mit seinem weißen Strunk. Wie der Chinakohl gehört er nicht zur Kohlart Gemüsekohl, sondern zu den Rübsen. Er heißt auch Chinesischer Senfkohl oder Chinesischer Blätterkohl. Er schmeckt würzig, eher wenig nach Kohl. So ist er ein Kohl für Anfänger, leicht zu tarnen mit einer Sauce aus Ingwer, Chili, Frühlingszwiebeln, Sojasauce und etwas Rohzucker.

Der Kohlrabi

Er ist sich selber Grund, ein eiförmiges Hochbeet. Aus seinem grünen Rübenhügel wachsen hohe Stengel mit länglichen oder eirunden Blättern. Ja, jede Knolle ist ein lichtes Wäldchen. Zauberhaft. Da seine Knolle nicht in der Erde wächst, heißt er auch Luftrübe. Seine gezähnten Blätter bewegen sich im Wind wie Flügel. Gleich hebt er ab. Wer weiß schon von seiner langen Pfahlwurzel? Und auch mit ihr könnte er fliegen. Es gibt ihn kugelig, plattrund, oval. Weißlich, weiß-grünlich, grün. Oder rötlich bis violett. Dann heißt er Blauer Glaskohlrabi. Oder Wiener blauer Glas. Oder Blauer Speck.

Seine Blätter enthalten doppelt so viel Vitamin C wie die Knolle. Und das Zehnfache an Calcium und das Hundertfache an Carotin.

Er schmeckt roh, in feine Scheiben geschnitten. Oder geraspelt mit Apfel und Zitrone, Öl und Minzeblättern. Oder gebraten, gedünstet, gekocht. Oder püriert als Mus, man gibt Rahm dazu.

Lebte er im Meer, wäre er eine Qualle. Sein weißes Fleisch läßt sich anrichten wie eine Jakobsmuschel.

KOHLPFLANZEN IM STILLEBEN

Kraut und Rüben waren einst Grundnahrungsmittel. In bäuerlichen Regionen kamen sie so gut wie jeden Tag auf den Tisch; sie wurden mit den Tieren geteilt. Das sächsische Volkslied »Kraut und Rüben haben mich vertrieben, hätt' meine Mutter Fleisch gekocht, wär' ich länger blieben«, das Johann Sebastian Bach in seinen Goldberg-Variationen bearbeitet hat, hält den Überdruß an der verläßlichen Speise fest. In proletarischen Städten galt Kohl als sichere Notration, um über den Winter zu kommen. Sein Geruch hing in den Treppenhäusern der Mietblocks.

Auf Gemälden, Marktstücken, Küchenstücken aber schimmern und rauschen und duften die Kohlpflanzen. Stilleben feiern ihre Schönheit.

Ich mag die stillen Dinge auf Bildern, sei es in einer frühen Form auf römischen Mosaiken oder Fresken, dann in ihrer Hochzeit auf den niederländischen Tafeln oder bei den Impressionisten. Da das christliche Mittelalter weniger auf das Hiersein denn auf ein Jenseits setzte, gibt es aus dieser Zeit kaum Stilleben, es sei denn als Beigaben zu religiösen Themen. Doch unter einem bunten Götterhimmel konnte die Antike in aller Lebensunschuld einfache Gegenstände um ihrer selbst willen darstellen. Eine Vase, Granatäpfel, einen Vogel auf einem Brunnenrand.

Der griechische Mosaikkünstler Sosos hat im 2. Jahrhundert vor Christus ein wunderbares Motiv erfunden. In einer römische Kopie kann man etwas davon in den Vatikanischen Museen sehen. Plinius Secundus erzählt von Sosos, »der zu Pergamon den ›ungefegten Raum‹ auslegte«. Man nenne den Raum ungefegt, »weil er die Essensabfälle auf dem Boden und, was man sonst wegzukehren pflegt, aus kleinen und verschiedenfarbigen Mosaiksteinchen so nachgebildet hatte, als ob man sie liegengelassen hätte. Bemerkenswert ist dort eine Taube, die trinkt und das Wasser mit dem Schatten ihres Kopfes verdunkelt, andere sonnen sich, während sie sich auf dem Rand einer Kanne putzen.« Ich konnte das Zitat nicht kürzen, die Taube, »die trinkt und das Wasser mit dem Schatten ihres Kopfes verdunkelt«, ist zu schön! Erstaunlicher aber ist doch, wie Sosos seine Aufmerksamkeit all den Resten zukommen läßt: Fischgräten und dürre Vogelklauen mit Krallen, Muscheln, Gemüse-, vielleicht auch Kohlblätter, Zweiglein, an denen letzte Beeren hängen, Scheren von Krebsen und Hummern. Eine Maus, die an einer aufgebrochenen Nuß knabbert. Und all diese Dinge haben ihren eigenen Schatten. Ist ein Fußboden mit den liebevoll als Augentäuschung dargestellten Abfällen eines Festmahls (»als ob man sie liegengelassen hätte«) nicht ein wunderbares Memento mori?

Was unterscheidet einen abgenagten Knochen von der Darstellung eines abgenagten Knochens? Der Photograph Garry Winogrand hat einmal gesagt, es gebe nichts, was so mysteriös sei wie eine genau beschriebene Sache. Und: Er photographiere, um zu sehen, wie etwas aussehe, wenn es photographiert worden sei. Die Kamera des Photographen wie das Auge des Mosaiklegers nehmen etwas wahr, das sich erst durch ihren Blick, der dem Objekt dient, zeigt. Es ist die Aufmerksamkeit, die eine Aura schafft. Wer den Dürerschen Hasen oder Dürers Wiesenstück kennt, wird Hasen und Halme von nun an anders sehen.

So liegt Trost in den Dingen. Ein Trost, der an den Skandal anknüpft, als Mensch sterblich zu sein. Der aber auch an die Gnade erinnert, als Mensch leben zu dürfen, in würdiger Endlichkeit. Im Paradies wären ja Hase und Halm, Kohlweißlingsschlupfwespe und Kohlrabi nicht vorgesehen. Aber was wäre ein Dasein ohne sie? In den Dingen ist ein Wissen um die kostbare Endlichkeit aufgehoben. Vielleicht sind sie, mit Hingabe gemalt, photographiert, in Steinchen gelegt, auch deshalb schön.

Juan Sánchez Cotán

Es war ein spanischer Maler – er sollte später Mönch werden –, der zu Beginn des 17. Jahrhunderts, vielleicht als erster, radikal das schuf, was wir heute unter einem »Stilleben« verstehen. Er malte Nischen. Und dann setzte er Früchte, Gemüse, Vögel hinein und gab ihnen so einen Raum, in dem sie wie Preziosen leuchteten. *Stilleben mit Quitte, Kohl, Melone und Gurke* von Juan Sánchez Cotán (1561-1627), gemalt um 1602, zeigt vier Früchte ganz naturgetreu, ja wie ausgeleuchtet in ihren jeweiligen Farben und Strukturen. Doch sind sie nicht so gemalt, wie sie auf einem Küchentisch liegen würden; sie wurden bewußt als Einzelne und als Ensemble arrangiert. Am linken Bildrand nah der oberen Ecke erscheint an einem dünnen Faden aufgehängt eine Quitte, darunter ein ebenfalls an einem dünnen Faden aufgehängter Weißkrautkopf. Krautköpfe wurden zum Überwintern oft im kühlen Keller am

Strunk an einer Schnur aufgehängt. Die äußeren Blätter trockneten und schützten den Herzkopf im Inneren. Aber darum geht es hier nicht. Das zeigt schon die surreal angebundene Quitte. Das zeigt der dünne Faden, der im Grunde nichts hält.

Die Quitte hängt an ihrem Stiel – rechts und links in kleiner Symmetrie ein Quittenblatt – der Schwerkraft gehorchend herab. Der Krautkopf ist nicht an seinem Strunk (das wäre die natürliche Mitte) befestigt, sondern seitlich an einer dicken Blattrippe. Man glaubt nicht ganz, daß er bei dieser Fixierung wirklich so in seiner Schräge hängen würde. Das gibt ihm etwas geradezu provozierend Schwebendes. Und damit eine ungeheure Präsenz. Quitte und Krautkopf werfen keine Schatten, sie scheinen sich tiefer im Nischenraum zu befinden als die unter ihnen auf der grauen Fläche liegenden Objekte. Mittig ist eine aufgeschnittene Melone zu sehen, die ihr inneres Fruchtfleisch mit den Kernen zeigt. Ihre Ausmaße entsprechen etwa dem Umfang des Krautkopfs. Neben ihr liegt ein Melonenstück. Es gehörte zur Melone, aber der Melone fehlen noch weitere Stücke, die nicht auf dem Bild zu sehen sind. Wie das »falsche« Schweben irritiert hier der in der Fülle gezeigte »Mangel«. Als unauffälligstes Objekt ist eine kleine Gurke zu sehen. Sie korrespondiert farblich und als Gemüse mit dem Kohlkopf; während Quitte und Melone als Obst und in warmen Tönen aufeinander antworten. Doch an Schale und Blatt tragen Melone und Quitte auch etwas Grün, und Kohlkopf und Gurke weisen durch den Lichteinfall gelbe Töne auf. Die Früchte erscheinen vor einem schwarzen Hintergrund. Sie sind nah vor unserem Auge und doch in eine andere Sphäre gerückt. Auch

Juan Sánchez Cotán, Stilleben mit Quitte, Kohl, Melone und Gurke, *1601*

wenn die Melone, wie beiläufig, nicht ganz exakt geteilt wurde und das Melonenstück noch einen deutlichen Messerschnitt im Fruchtfleisch aufweist, sind diese Früchte Wesen, die ihre nützliche Existenz, Nahrungsmittel zu sein, gleichsam schon hinter sich gelassen haben. Kohlkopf und Melone sind stark, Quitte und Gurke ihre Nebenspieler. Der Maler bringt sie, schwebend, liegend, in ein Gleichgewicht. Geometrisch beschreiben sie eine Parabel, die ihren Scheitelpunkt in der Spitze der kleinen Gurke hätte. Quitten wachsen »hängend« an Bäumen, Melonen und Gurken liegen auf Tischen. Der an einem (zu) dünnen Faden kopfüber aufgehängte Kohl ist das realitätsfremdeste Element des Stillebens. So ausgeleuchtet und bühnenhaft inszeniert, entstammen die Früchte einem übernatürlichen, ja sakralen Bezug, der aber nicht benannt werden kann. Wenn man es sagen könnte, müßte man es vielleicht nicht malen.

Pieter Aertsen

Juan Sánchez Cotán zeigt nicht die Materialität des Nischenraums (Marmor? Gips? Was ist das für ein schwarzer Hintergrund, geschlossen, sich vertiefend?); er ist weit entfernt davon, uns in eine vertraute Situation mitzunehmen. Zwei, drei Malergenerationen vor ihm hat der Niederländer Pieter Aertsen (1505-1575) Kohlköpfe in Markt- und Küchenstücken dargestellt. Oft lenkt er im Hintergrund, in einem Bild im Bild, hin auf einen biblischen Moment (Christus bei Maria und Martha, die Emmausjünger, Christus und die Ehebrecherin). In *Markt-*

frau am Gemüsestand (1567) öffnet eine junge Frau die Arme in der Bilddiagonalen und präsentiert zwischen Blumenkohl und Weißkraut eine herbstliche Fülle von Obst und Gemüse. Sie trägt einen Strohhut und ein feines, schwarz-rotes Miederkleid mit weißem Kragen. Am linken Bildrand sind neben den Früchten auch Backwerk und ein einzelner Hering zu erkennen. Unter ihrer linken Achsel, in der Bildmitte, wenn auch wie versteckt, liegt Brot. Der Körper der Frau wird ab der Taille gezeigt. Die in der Spanne ihrer Arme liegenden Früchte könnten auch als weit ausschwingender Rock gesehen werden. Rechts gehen die Schürzenfalten der Frau in das Blattgrün des Blumenkohls über. Die Frau scheint mit den Früchten in einer Drehbewegung wie im Tanz eingefroren zu sein. Ihr Blick ist melancholisch abgewandt, nach innen gerichtet. Im Hintergrund rechts, im (Bild-)Rahmen einer Tür, umarmt sich winzig ein Paar. Vor ihm steht ein Pferd neben einem leeren Gemüsekarren. Die Öffnung des Bildes geht diesmal nicht in eine biblische Szene, sondern in eine alltägliche. Im Hintergrund links, viel näher als das sich umarmende Paar, ist ein Männerkopf zu sehen, der in eine Ferne rechts, jenseits des Bildes, schaut. Zwischen diesem Männerkopf und dem Kopf der Gemüseverkäuferin erscheint der Kopf einer Kuh (eines Ochsen?). Die herabhängende linke Hand des Mannes hält, kaum sichtbar, hinter dem Tierschädel einen Stab. Dirigiert der Mann damit das Tier? Auch der Mann scheint in einer Drehung begriffen.

So zeigt das Bild hinter der Diagonalen der herbstlichen Früchte zwei Dreier-Konstellationen (Mann, Frau, Tier), die von Liebe und Sehnsucht sprechen mögen. Man hat das Bild symbolisch gelesen, hat die Warnung vor der Sinnlichkeit (Umarmung) in das Bild hineingelegt, ein Lob des Fleißes (Marktfrau und Mann), einen Hinweis auf das Fasten (Fisch). Aber dieses Bild wäre auf vielerlei Weise aufzufassen. Ein naiver Blick könnte auf die Idee kommen, hier die Variante eines Krippenmotivs zu sehen. Maria und Josef im Stall mit dem Ochsen. Tatsächlich scheint der Marktstand überdacht zu sein oder in der Nähe von Überdachungen zu liegen. Die Amphore mit den gebogenen Stäben (von Palmblättern?) über dem Kopf der Frau – sie folgen der Bewegung von ausgegossenem Wasser – wäre dann als Schweifstern über der Szene zu lesen. Und die Frau mit dem Marien-Lächeln hielte nicht ein Kind in den Armen, sondern entfaltete aus ihrem Schoß die Fülle von Früchten. In ihrem melancholischen Blick läge auch hier das Wissen um die Endlichkeit der guten Lebensernte. Wie bei Juan Sánchez Cotán finden sich auf dem Bild Kohl, Melone, Gurke. Und unter den runden Früchten könnte auch eine Quitte sein. Aber Obst und Gemüse sind noch eingebunden in das Marktgeschehen; sie werden präsentiert, als könnten sie gekauft werden. Wobei die Perspektive nicht mehr dem natürlichen Blick auf einen Gemüsestand folgt. Die Auslage ist gleichsam hochgekippt. Die Kohlpflanzen (dominant der leuchtende Blumenkohl, wie ein Blütenstrauß) sind an verschiedenen Stellen Bindeglieder, die malerischen Gesetzen der Komposition folgen.

Schwer zu sagen, wieviel Moral vom Maler angelegt ist. Sicher aber emanzipieren sich hier die herbstlichen Früchte schon deutlich von den Taten und Leiden der Menschenwesen.

Pieter Aertsen, Marktfrau am Gemüsestand, *1567*

Frans Snyders

In meiner Geburtsstadt Karlsruhe hängt eines der üppigsten Kohlpflanzenbilder, das ich kenne. Es heißt *Gemüsestilleben*, doch zeigt es vor allem Kohlköpfe. Es wurde 1610 von dem Flamen Frans Snyders gemalt und ist also kaum jünger als *Quitte, Kohl, Melone und Gurke* des Spaniers Juan Sánchez Cotán. Und doch ist es sehr anders.

Feldfrüchte füllen das ganze Bild aus. Im Vordergrund links ein dunkler Kürbis, in der Mitte die Stengel einer Gemüseartischocke neben einem Blumenkohl rechts. In der Diagonalen korrespondierend (linke obere Bildecke) sind Bündel von weißen und gelben Rüben zu sehen. Der Rest ist Kraut. In der unteren Bildmitte liegt dominant ein weißgrünes Krauthaupt, das umgeben ist von einem Kranz graugrüner, im Licht pointierter, dann wieder sich bis ins Schwarzgrün verschattender Krautblätter. Und von hier nimmt eine Kohl-Rausch-Symphonie ihren Ausgang. Ein Rotkohl rechts, links die schwarzgrünen Blätter eines am langen Strunk aufgestellten Kohls, den ich nicht benennen könnte. Darüber wird ein Kohl derselben dunklen Kohlart gezeigt, doch mit dem langen Strunk zuoberst, also fast wie am unteren Kohl gespiegelt. Nun sieht man die Außenseite seiner schwarzgrünen Blätter in einem helleren Licht. Doch auch mit der blassen Äderung ihrer Blattrippen bewahren die Blätter ihr eigenes Dunkel. Daneben wieder Wellen von Rotkohlblättern, kopflos, rein stofflich, als seien allein ihre Farben, ihr lebhaftes Changieren zwischen Rosa und Violett, Samt und Metall schon Gegenstand genug. Etwas tiefer ein kleinerer Wirsing mit gelbglühender krausiger Mitte, dessen äußere, dunk-

Frans Snyders, Gemüsestilleben, *um 1610*

lere, gekräuselte Blätter in das Blättergezweig von Bäumen im Hintergrund übergehen. Hier feiern Kohlköpfe, Kohlblätter ihre Welt und die Welt der Malerei. Einzig in der rechten hinteren Bildecke sind, als hätte man die Kohlmalerei aufgerissen, ganz klein angelegt die Bürden der Menschenwelt: Bottiche, Schaufel, Pferd und Karren, zwei Menschen, die sich auf dem Feld erntend bücken. In der Ferne ein Kirchlein, ein hoher Himmel, den Vögel kreuzen.

Margareta de Heer

Einen der ungewöhnlichsten Kohlköpfe hat eine Frau, Tochter eines Glasmalers, geschaffen: Margareta de Heer, heute fast vergessen. Ihr Bild *Ein Rotkohl, eine Schnecke, ein Schmetterling, eine Libelle, eine Biene und eine Assel in einer Landschaft* hängt im Kunsthaus Zürich. Die Lebensdaten von Margareta de Heer sind nicht ganz sicher. Geboren ist sie gegen 1603 im niederländischen Leeuwarden, wo sie vielleicht 1665 starb. Sie hat bei ihrem Vater gelernt, und sie galt vor allem als eine Malerin von Blumen und Insekten. Im Zürcher Bild, einem kleinen Ölgemälde (39,4 auf 29,5 cm), setzt sie in den Vordergrund auf eine Art Plateau einen Rotkohl. Unter ihm und in der Ferne breitet sich eine nur angedeutete hügelige Landschaft mit Häusern, vielleicht einer Ruine aus. Der Rotkohl ist in bräunlichen Rosatönen gehalten, Landschaft und Himmel verschwimmen in Gold mit leichten grün-bläulichen Momenten. Gold und Rosa spiegeln sich wechselseitig, es entsteht ein Sfumato-Effekt, der das ganze Gemälde in eine entrückte, unbestimmte Atmosphäre

Margareta de Heer, Ein Rotkohl, eine Schnecke, ein Schmetterling, eine Libelle, eine Biene und eine Assel in einer Landschaft, *undatiert*

versetzt. Ich weiß nicht, ob man den Rotkohl sofort als Rotkohl erkennen würde. Margareta de Heer stellt ihn als ein Baumwesen auf einem stammartigen Strunk dar. Dieser Strunk ist im unteren Teil, fast bis zur Hälfte der Kohlgröße, nackt; offensichtlich fehlen ihm seine äußeren Blätter. Und dann wachsen sie am Ende an langen Blattrippen wie an Stielen und beugen sich zu einem Kohlkopf. Sind die Blätter abgefressen oder war, was wir sehen, ihre unversehrte Gestalt? Erstaunlich ist auch die Höhe des Strunks. Gab es im 17. Jahrhundert hoch wachsende Rotkohlsorten? Hat die Malerin ihren Kohl erfunden? Gegen das Erfinden spricht, daß Margareta de Heer in ihren Insekten- und Blumendarstellungen sehr präzise nach der Wirklichkeit arbeitete.

Die Blattrispen des Kohls verschlingen sich wie nackte Zweige, durch die man hindurchsehen kann. Der Kopf der Pflanze ist nur gegen oben hin geschlossen. Rechts auf ihm sitzt ein Schmetterling (ein Admiral), von links oben fliegt ihn eine Libelle schräg nach unten an. Eine Schnecke macht sich an seinem Strunk zu schaffen, eine Biene sucht etwas auf einem Kohlblatt am Boden. Silbrig sitzt die Assel auf einem fast bis zum Stiel abgefressenen Kohlblatt links des Kohlstrunks. Und wer nun ganz genau hinsieht, erkennt unterhalb der Schnecke, neben dem Blatt mit der Assel, im Schatten eine dunkle Fliege, die im Titel nicht erwähnt wird. Auch wenn der Kohl monumental wirkt und die Szene beherrscht, ist er doch fragil, seine Kopfblätter scheinen eine pergamentene Struktur zu haben, durchscheinend fast wie die Flügel der Libelle. Ein Rotkohl, Lebensraum für kleine Tiere, ein Labyrinth in sich verschlungen – und ein, was der erste Blick schon wußte, Totenschädel.

(Und wer jetzt die Biene genau anschaut, erkennt, daß das Tier ein Käfer ist. Ein Totengräber.)

Giovanni Segantini

Seit wir im Engadin wohnen, wandern wir regelmäßig hinauf zur Segantini-Hütte oberhalb von Pontresina. Und immer wieder habe ich das Alpentriptychon *Werden – Sein – Vergehen* (*La vita – La natura – La morte*), das Giovanni Segantini hier auf dem Schafberg malte, im Museum in St. Moritz besucht. Über das Schneeweiß schauend, über die weißen Himmel, die riesige Wolke, habe ich das Bleiweiß gesehen, an dessen Dämpfen er vermutlich starb. Viel früher aber, ich war gerade Studentin, sah ich im Zürcher Kunsthaus Segantinis *Weiße Gans*. Es war das erste Bild, vor dem ich begriff, daß man Farben malen kann. Daß man das Weiß malen kann, das Licht, hier am Körper eines Vogels in seiner heftigen wie federleichten Materialität. Diese tote Gans, kopfüber aufgehängt, wurde auch symbolisch als Kreuzzeichen und Bild der Erlösung gelesen. Ich weiß nicht. Sicher bleibt ein aufgehängtes totes Tier immer ein Hinweis auf unsere eigene Sterblichkeit. Gibt es Studien über aufgehängte Dinge und Tiere in der Malerei? Mich würden vor allem die kopfüber festgehaltenen Objekte interessieren.

Bevor Giovanni Segantini die weiße Hausgans malte, ein Tier, das Menschen fütterten, um es zu schlachten, stellte er einen an seinen Füßen aufgehängten Truthahn in Grün dar (heute im Kunstmuseum Basel). Davor aber malte er *Die Kohlpflanzen*.

Die Kohlpflanzen entstanden vermutlich um 1880. Ein kleines Hochformat, Öl auf Holz, auf der Rückseite signiert mit: »all' amico V Grubicy / il Tuo / Segante«. 1858 geboren im damals österreichischen Arco, hatte das Kind Giovanni mit sieben Jahren die Mutter verloren, den Vater mit acht. Eine Halbschwester in Mailand, bei der er unterkam, war mit dem Knaben überfordert. Er büxte aus, wurde aufgegriffen. Mit zwölf fand er sich in einem Erziehungsheim, Abteilung »Schuhflicker«, wieder; der Anstaltsgeistliche aber sieht ihn zeichnen, erzählt ihm vom Malermönch Fra Angelico, fördert ihn.

15jährig kommt der Junge bei seinem Halbbruder in Borgo Valsugana im Trentino unter. Hier ist er Laufbursche und Gehilfe in einem Photo- und Drogeriehandel. Mit 17 Jahren zieht er wieder nach Mailand, arbeitet bei einem Dekorationsmaler, nimmt Zeichenunterricht. Er schreibt sich in Kurse an der Kunstakademie Brera ein, zunächst nur für die Abendschule. Freunde nennen den jungen Segatini (erst später fügte er ein »n« seinem Namen hinzu) Segante. Bei einer Ausstellung in der Galleria Vittore ed Alberto Grubicy lernt er den Kunstkritiker und -händler Vittore Grubicy kennen. Man erzählt, Segantini sei in seiner ärmlichen Kleidung in den feinen Räumen aufgefallen; von Grubicy angesprochen, habe er sich als Maler zu erkennen gegeben. Eine lebenslange Freundschaft beginnt. Vittore Grubicy wird sein Förderer, animiert ihn, Stilleben zu malen, die er als sein Agent auf den Markt bringt. Und er zeigt dem jungen Maler, der nie eine Schule besucht hat und sich sehr spät allein Lesen und Schreiben beibrachte, Kunstreproduktionen. So macht er ihn mit der modernen zeitgenössischen Malerei vertraut. Sind die Kohlpflanzen, die »Segante« auf der Rückseite des Bildes dem Freund Vittore Grubicy wid-

Giovanni Segantini, Die Kohlpflanzen, *um 1880*

met, ein Bekenntnis zu einer neuen, nicht akademischen Malerei?

Das Sujet ist denkbar unattraktiv. Keine Blumen, keine Äpfel in schönen Schalen. Segante malt Kohlpflanzen, die Speise der Armen, der Tiere. Und doch. Die aufgehängten Kohlpflanzen fangen das Licht ein. Und Segantini reflektiert es in Öl auf Holz. Er schönt nicht, er radikalisiert. (Monets Heuhaufen waren noch nicht gemalt. Aber als ich *Die Kohlpflanzen* zum ersten Mal sah, fielen sie mir ein.)

Vor einem braunen, wie mit dem breiten Pinsel hingetupften Grund, links etwas dunkler als rechts, hängen zwei Pflanzen, die obere deutlich am Strunk befestigt, die zweite mehr in Analogie daruntergesetzt. (Sie braucht keine Schnur mehr, das Prinzip ist nach der ersten Pflanze klar.) Die Köpfe sind klein, eher fenchelhaft, helle, leicht in braun und grün verschattete Energiezentren für den Aufruhr der gröberen Blätter, die abstehen, fleischig, krautig, struppig, grün und wieder anders grün, mit Schatten, mit Lichtschlieren, Spritzern und dabei doch auch Flügeln. Sie hängen, flugbereit; oder schlagen sie schon? Licht zerzausend. Eine latente Wildheit liegt ihnen zugrunde, sie scheinen auch zu fließen. Man meint, man könnte sie essen; aber man muß sie sehen! Sie breiten sich aus, sie reichen über den Bildrand, strahlen verschattet, Grün in Grün, weiter. Erwecken sie, banal, krautig, aus dem Dunkel das Licht der Farbe? Der Malerei? Tropfen sie Glanz?

CODA

An Kohlpflanzen ist nichts spektakulär. Sie sind überall zu haben, in je unterschiedlicher Gestalt. Jeder kann sie sich kaufen. Sie sind gesund und gut. Auch wenn sie heute der modische Hype umgibt, »Superfood« zu sein, bleiben sie bodenständig. Eigen. Und irgendwie unabhängig. Sie sind die Speise der Armen wie der Götter.

In Ovids *Metamorphosen* irren Göttervater Jupiter und sein Sohn Merkur (»der Atlasenkel mit seinem Stab, aber ohne die Flügelsohlen«) in Menschengestalt durch eine Stadt in Phrygien. »An tausend Türen pochten sie und baten um Unterkunft und Nachtlager; tausend Türen blieben verriegelt.« Niemand will die Flüchtlinge haben. »Ein Haus nahm sie dennoch auf. Es war zwar nur klein und mit Stroh und Sumpfrohr gedeckt.« Hier wohnen die Greisin Baucis und ihr gleichaltriger Mann Philemon seit ihren Jugendtagen, da sie sich unter diesem Dach vermählt hatten. »Aus ihrer Armut machten sie keinen Hehl und ertrugen sie ohne Murren: So ward sie ihnen leicht.« Sie wirtschaften miteinander auf Augenhöhe, würden wir heute sagen. Ovid sagt: »Es ist einerlei, ob man dort nach der Herrschaft oder nach den Dienern fragt: Die beiden sind der ganze Haushalt, sie gehorchen und befehlen zugleich.« Die beiden Alten möchten, daß es den Gästen bei ihnen wohl ergehe. Baucis entfacht (»mit ihrem greisenhaften Atem«) das Feuer neu, während Philemon hinausgeht. »Den Kohl, den ihr Mann im bewässerten Garten geholt hatte, entblätterte sie.« Philemon nimmt den lange aufgesparten geräucherten Schweinsrücken vom Dachbalken herunter und schneidet »ein schmales Scheibchen ab und kocht es im siedenden Wasser weich«. Inzwischen vertreiben sie den Fremden die Zeit mit Gesprächen, stellen heißes Wasser bereit, in dem sie ihre Glieder wärmen können, und bedecken für sie das Speisesofa mit ihren besten Stoffen.

Baucis gleicht das wackelnde Tischbein mit einer Scherbe aus und fegt den Tisch mit frischer Minze rein. Und sie bieten, bis Kohl und Fleisch gar sind, gute Vorspeisen aus der Fülle des Wenigen, das sie haben: Zweifarbige Oliven werden aufgetischt, »Kornelkirschen, in flüssiger Hefe eingemacht, Endivien, Radieschen, weißer Käse und Eier«. Es gibt jungen Wein. Die heiße Kohlspeise folgt. Zum Nachtisch Nüsse und »getrocknete Feigen mit runzeligen Datteln vermischt, Pflaumen, duftende Äpfel« und Trauben, und »schimmernd liegt in der Mitte eine Honigwabe«. Als sie bemerken, daß sich der Weinkrug immer wieder aufs neue füllt, erschrecken sie. Und sie beginnen, ganz verstört, zu beten. Über den kleinen Dingen sind die Götter bei ihnen eingekehrt. Und sofort möchten sie ihre einzige Gans, »die Hüterin des winzigen Hauses«, für sie schlachten. Doch die Gans findet Schutz bei den Gästen.

Es ist leicht, Götter nicht zu erkennen; und leicht ist es, die guten Kohlpflanzen zu übersehen. Die Götter aber haben sie gekostet und die Großzügigkeit der beiden Greise belohnt. Während die ungastlichen Häuser in den Fluten untergehen, bleibt das Haus von Baucis und Philemon stehen und verwandelt sich in einen Tempel. Hier dienen die beiden und dürfen später, wie sie es wünschten, zusammen sterben. Sterbend aber, während sie sich noch Lebewohl sagen, wachsen Blätter über ihre Gesichter, und langsam werden sie zu Bäumen. So stehen sie – eine Linde, eine Eiche – auf Phrygiens Hügeln nebeneinander.

Vielleicht ist jeder Gast ein Gott, der in andere Bezüge verwandeln kann.

Für Goethes heimatlosen, zerrissenen Werther wird das »Krauthaupt« ein Symbol für ein gelingendes Leben in einer Selbstbegrenzung, die ihm, dem haltlosen Schwärmer, dem Künstler ohne die Härte zur Kunst, versagt bleiben muß. Momenthaft aber zeigt ihn Goethe, wie er im empathischen Schauen teilnimmt am innig empfundenen Kreislauf der Natur: »Wie wohl ist mir's, daß mein Herz die simple harmlose Wonne des Menschen fühlen kann, der ein Krauthaupt auf seinen Tisch bringt, das er selbst gezogen, und nun nicht den Kohl allein, sondern all die guten Tage, den schönen Morgen, da er ihn pflanzte, die lieblichen Abende, da er ihn begoß und da er an dem fortschreitenden Wachsthum seine Freude hatte, alle in Einem Augenblicke wieder mit genießt.«

DANK

Die nicht absehbaren Krautwelten wurden von kundigen Freundinnen und Freunden begleitet. An sie alle ergeht eine Einladung, nach Sent zu kommen und mit uns Krautsalat zu essen!

Für freundliches Lesen des Manuskripts, für Wink und Warnung danke ich dem Biologen Wilfried Löderbusch, Reute. Des weiteren möchte ich namentlich danken: Ursula Beiz, Heidelberg; Karin Hänni, Bever; Doris Kirchner, East Greenwich; Manfred Koch, Sent; Esther Krättli, Chur; Jutta Lindenborn, Heidelberg; Ursula Meienberg, Hedingen; Ute Oelmann, Stuttgart; Sibylle Schmid, Tübingen; Dagmar Smend, Göttingen; Karin Steinbach-Tarnutzer, St. Gallen; Martin Stern, Basel; Renate Wille-Al-Shalabi, Tübingen; Silvia Overath, Hamburg.

Und ich danke meiner Lektorin Sabine Landes, die die Entstehung der Krautwelten freundlich begleitet hat.

LITERATURVERZEICHNIS

Bankhofer, Hademar: Die Naturheilkunde der Seefahrer. Rezepte und Heilmethoden aus aller Welt. Düsseldorf 2001.

Bock, Hyronimus: Kräuterbuch. Reprint der Ausg. Straßburg 1577. München 1964.

Cato (Marcus Porcius Cato): De agri cultura / Über die Landwirtschaft. Lateinisch / deutsch. Hg. u. übersetzt v. Hartmut Froesch. Stuttgart 2009.

Cook, James: Entdeckungsfahrten im Pazifik. Die Logbücher der Reisen von 1768 bis 1779. Hg. v. A. Grenfell Price. Tübingen u. Basel 1971.

Deutsches Wörterbuch. Von Jacob und Wilhelm Grimm. Leipzig 1852-1960. Nachdruck München 1984.

Diogenes Laertius: Leben und Meinungen berühmter Philosophen. Übersetzt v. Otto Apelt. Hamburg 1998.

Dicziunari Rumantsch Grischun. Hg. v. Institut dal Dicziunari Rumantsch Grischun. Chur 1939 ff.

Du. Die Zeitschrift der Kultur. Heft 11, 1998: Der Kohl. Das Kraut. Ein Manifest. Zürich 1998.

Forster, Georg: Entdeckungsreise nach Tahiti und in die Südsee 1772-1775. Hg. v. Hermann Homann. Tübingen / Basel 1979.

Forster, Georg: Cook, der Entdecker. In: Georg Forster: Werke in vier Bänden. Hg. v. Gerhard Steiner. Leipzig o. J. Bd. 2, S. 103-224.

Fuchs, Leonhart: Die Kräuterbuchhandschrift. Hg. v. Brigitte Baumann, Helmut Baumann u. Susanne Baumann-Schleihauf. Stuttgart 2001.

Goethe, Johann Wolfgang: Die Leiden des jungen Werthers. Goethe: Sämtliche Werke, Briefe, Tagebücher und Gespräche. Hg. v. Friedmar Apel u. a. 40 Bde. in zwei Abteilungen. Frankfurt am Main 1985-1999 (Frankfurter Ausgabe). Bd. 8.

Häberle, P. Thomas: Helfen und Heilen. St. Pölten / Salzburg 2013.

Handwörterbuch des deutschen Aberglaubens. Hg. v. Hanns Bächtold-Stäubli. Unveränderter Nachdruck der Ausgabe v. 1927-1942. Berlin 1986.

Hippokrates: Ausgewählte Schriften. Hg. u. übersetzt v. Charlotte Schubert u. Wolfgang Leschhorn. Düsseldorf / Zürich 2006.

Montaigne, Michel de: Philosophieren heißt sterben lernen. In: Montaigne: Essais. Übers. v. Hans Stilett. Frankfurt am Main 1998, S. 45-52.

Ovid (P. Ovidius Naso): Metamorphosen. Lateinisch / deutsch. Hg. u. übersetzt v. Michael von Albrecht. Stuttgart 1994.

Plinius (C. Plinius Secundus): Naturkunde. Lateinisch – deutsch. Hg. u. übersetzt v. Roderich König. Darmstadt 1979. Bd. XVIII: Botanik: Ackerbau; Bd. XIX: Botanik: Gartenpflanzen; Bd. XX: Medizin und Pharmakologie.

Rachewiltz, Siegfried de / Rauchegger, Andreas (Hg.): Kraut & Rüben. Zur Kulturgeschichte von Kohl, Rüben und Sauerkraut im historischen Tirol. Schriften des Landwirtschaftsmuseums Brunnenburg Nr. 20. Brunnenburg 2020 / 2021.

Sartorius, Joachim: Eidechsen. Ein Portrait. Berlin 2019.

Storl, Wolf-Dieter / Pfyl, Paul Silas: Bekannte und vergessene Gemüse. Geschichte, Rezepte, Heilkunde. München 2006.

BILDNACHWEIS

akg-images, Berlin: Seite 91 (San Diego Museum of Art / De Agostini Picture Library)
Boston Public Library: 3, 65
bpk, Berlin: 95 (Gemäldegalerie, SMB / Jörg P. Anders)
Kunsthaus Zürich: 99 (Vereinigung Zürcher Kunstfreunde, 2013)
Staatliche Kunsthalle Karlsruhe: 97
Die Abbildungen auf den Seiten 17, 39 und 83 wurden entnommen aus: Benary Mappenwerk, 1876-1893

Alle weiteren Abbildungen stammen aus dem Archiv des Insel Verlags.

Bezugspapier: Benary Mappenwerk, 1876-1893. Gesetzt in der Schrift Adobe Garamond Pro. Gedruckt auf holzfreies, alterungsbeständiges Werkdruckpapier der Firma Cordier, Bad Dürkheim, von der Memminger MedienCentrum AG, Memmingen. Gebunden in Fadenheftung von der Josef Spinner Großbuchbinderei GmbH, Ottersweier. Dieses Buch wurde klimaneutral produziert: climatepartner.com/14438-2110-1001. Printed in Germany. Erste Auflage 2021. ISBN 978-3-458-19504-7.

www.insel-verlag.de